Toby Meadows ist einer der Geschäftsführer der Firma Three's Company (Creative Consultants) Ltd, einer Unternehmensberatung für die Modeindustrie, sowie Geschäftsführer von Belle & Bunty, eines Labels für Damenmode. Als Lehrbeauftragter am Londoner College of Fashion hält er berufspraktische Seminare ab.

Bibliografische Information der Deutschen Nationalbibliothek
Die Deutsche Nationalbibliothek verzeichnet diese Publikation
in der Deutschen Nationalbibliografie; detaillierte bibliografische
Daten sind im Internet über http://dnb.ddb.de abrufbar.

Übersetzung: Elke Walter
Lektorat: Anja Schrade
Gestaltung: TwoSheds Design
Satz: Swabianmedia
Cover- und Rückenfotos: Simon Walsh
Covergestaltung: Swabianmedia

Beratend:
Verband Deutscher Mode- und Textil-Designer e.V. (VDMD)
Geschäftsstelle
Semmelstraße 42
97070 Würzburg
Tel.: 0931 465 42 90
Fax: 0931 465 42 91
vdmd@fashiondesign.de
www.fashiondesign.de

This book was produced and published by
Laurence King Publishing Ltd
361-373 City Road
London EC1V 1LR
United Kingdom
Tel.: +44 20 7841 6900
Fax: +44 20 7841 6910
E-Mail: enquiries@laurenceking.co.uk
www.laurenceking.co.uk

Alle Rechte, insbesondere das Recht der Vervielfältigung,
Verbreitung und Übersetzung, vorbehalten. Kein Teil des Werkes
darf in irgendeiner Form (durch Fotokopie, Mikrofilm oder ein
anderes Verfahren) ohne schriftliche Genehmigung reproduziert
oder unter Verwendung elektronischer Systeme verarbeitet,
vervielfältigt oder verbreitet werden.

Alle Angaben in diesem Buch wurden sorgfältig recherchiert.
Dennoch können eine Gewähr für die Richtigkeit sowie eine
Haftung nicht übernommen werden.

Text © Toby Meadows
Deutsche Ausgabe © 2009 **av**edition GmbH, Ludwigsburg

**av**edition GmbH
Königsallee 57
D-71638 Ludwigsburg
Tel.: 07141 / 1477 391
Fax: 07141 / 1477 399
www.avedition.de

ISBN: 978-3-89986-112-9

# Wie gründe ich ein Modelabel?

## Grundlagen und Insider-Tipps

*Toby Meadows*

**av**edition

# Inhalt

| | | |
|---|---|---|
| Einleitung | Gehen Sie Ihren Weg | 7 |
| Kapitel 1 | Einführung in die Modeindustrie | 8 |
| Kapitel 2 | Werden Sie Ihr eigener Chef | 20 |
| Kapitel 3 | Rechtsformen von Unternehmen | 28 |
| Kapitel 4 | Der Name – nur Schall und Rauch? | 38 |
| Kapitel 5 | Von zu Hause aus arbeiten oder ein Atelier eröffnen? | 50 |
| Kapitel 6 | Alleskönner? | 58 |
| Kapitel 7 | Lernen Sie den Markt kennen | 70 |
| Kapitel 8 | Trends verstehen | 80 |
| Kapitel 9 | Produkt und Image | 92 |
| Kapitel 10 | Produktion | 102 |
| Kapitel 11 | Eine Kollektion an die Frau/den Mann bringen | 118 |
| Kapitel 12 | Eine klare Botschaft | 138 |
| Kapitel 13 | Finanzierung | 156 |
| | Nützliche Websites und Literaturtipps | 172 |
| | Glossar | 172 |
| | Register | 174 |
| | Abbildungsnachweis und Dank | 176 |

*Modenschau von Ed Hardy*
*auf der Modemesse*
*Bread & Butter*

## *Einleitung: Gehen Sie Ihren Weg*

Das Betreiben eines erfolgreichen Modelabels setzt zu 90 Prozent unternehmerische und nur zu 10 Prozent künstlerische Fähigkeiten voraus. Bei den meisten Existenzgründern in der Modebranche handelt es sich allerdings um Designer, die im Designbereich zwar führend sein mögen, aber vielleicht nur ansatzweise etwas vom Modegeschäft verstehen, insbesondere in den so wichtigen, entscheidenden Jahren nach der Gründung. Deshalb scheitern die meisten Neugründungen in der Branche auch, obwohl jedes Jahr Tausende talentierter Modeschöpfer und Bekleidungstechniker ihren Abschluss machen.

Ziel dieses Buches ist es, die Lücke zwischen den kreativen und unternehmerischen Aspekten zu schließen, die sich für Inhaber eines Labels häufig auftut. Es gibt einen realistischen Überblick über die Schlüsselelemente, die der Recherche, Entwicklung und Pflege innerhalb Ihres Unternehmens bedürfen, wenn Ihr Modelabel innerhalb einer anspruchsvollen, gnadenlosen und wettbewerbsorientierten Industrie bestehen will. Es soll Ihnen in den ersten schwierigen Jahren als Orientierungshilfe dienen und Ihnen helfen, Ihr Modelabel auf eine solide Grundlage zu stellen, auf der es gedeihen kann.

Arbeiten Sie dieses Buch durch, studieren Sie die Fallbeispiele und lösen Sie die Aufgaben und Sie werden begreifen, welche Schritte als nächstes zu meistern sind und welche Herausforderungen vor Ihnen liegen. Dieses Buch vermittelt Ihnen das Handwerkszeug, das Sie benötigen, um Ihre Ideen zu bündeln, und weist Ihnen schließlich den Weg zu Wachstum und Entfaltung Ihres Modeunternehmens.

*Shutter-Shades-Sonnenbrillen*

Kapitel 1: Einführung in die Modeindustrie

*D*er Erfolg Ihres Produkts und Unternehmens hängt maßgeblich davon ab, dass Sie die Modeindustrie kennen und wissen, wo genau sich Ihr Label ansiedeln wird. Nehmen Sie sich die Zeit, in Ruhe zu recherchieren (siehe Kapitel 7), um zu begreifen, worin das Potential Ihres Produktes liegt und wie Einkäufer, Journalisten und Verbraucher es gern präsentiert bekämen. Dieses Kapitel stellt Ihnen drei der wichtigsten Marktsegmente vor: Haute Couture, Konfektion und Massenmarkt und geht auch kurz auf das zunehmende Interesse an Ökomode ein. Es behandelt die Themen Modedesign und Saisonabhängigkeit und wendet sich dann der Bedeutung der Lieferkette zu.

## Marktsegmente

Sie müssen von Anfang an festlegen, wo auf dem Markt Sie Ihr Label positionieren möchten. Viele Ihrer nachfolgenden unternehmerischen Entscheidungen werden schließlich von den Erwartungen der Verbraucher diktiert und prägen Ihre Unternehmensstrategie. Die drei wichtigsten Marktsegmente sind Haute Couture, Konfektion und Massenmarkt. Die beiden letztgenannten Märkte lassen sich noch in diverse Unterkategorien einteilen, so dass sie eine Vielzahl von Produkt- und Preisvarianten ermöglichen.

**Haute Couture**
Als „Haute Couture" werden exquisite, hochwertig verarbeitete Unikate mit aufwendigen Details bezeichnet, die mit manchmal extravaganten Designs kombiniert werden. Sie ging aus den ersten, im späten 19. Jahrhundert in Paris gegründeten Modehäusern hervor und ist in der Modewelt noch heute ganz oben angesiedelt. Sie bedient die sehr wenigen, die sich die exquisiten, dem Kunden genau auf den Leib geschneiderten Kreationen leisten können. Die Haute-Couture-Schauen in Paris bieten zudem den wenigen verbliebenen Mitgliedern der Couture-Familie die Gelegenheit, ihr Designtalent der Öffentlichkeit zu präsentieren, und erinnern an die ungeheuren kreativen Fähigkeiten der Designer hinter den Labels.

In Frankreich ist Haute Couture ein geschützter Begriff, den offiziell nur Designer verwenden dürfen, die die von der Pariser Schneiderinnung, der Chambre Syndicale de la Couture, genau festgelegten Standards erfüllen. Der Begriff „maßgeschneidert" darf für alle Kleidungsstücke benutzt werden, die für einen bestimmten Kunden angefertigt werden, fällt jedoch relativ häufig im Bereich der Herrenbekleidung. Viele Designer nennen ihre Arbeit auch dann Haute Couture, wenn sie es genaugenommen gar nicht ist, und der Begriff maßgeschneidert kann sich auch auf das Anpassen von Konfektionsbekleidung an die Bedürfnisse des Kunden beziehen – damit ist die Verwirrung komplett.

*Belle & Bunty-Schau*

## Konfektion

Als Modehäuser in den 1960ern begannen, Entwürfe zu präsentieren, die in diversen Standardgrößen direkt in Boutiquen erhältlich waren, begann die auch als Prêt-à-porter bekannte Konfektion eine brauchbare Alternative zur Haute Couture darzustellen. Da Konfektion lange Anproben überflüssig machte, war sie wesentlich preiswerter und kam deshalb auch sofort für ein größeres Publikum in Frage. Das Gros der heute gekauften Designermode gilt als Konfektion. Während Haute Couture noch immer zweimal jährlich in Paris zu sehen ist, wird Konfektion im Rahmen verschiedener Modewochen auf der ganzen Welt präsentiert, vor allem in New York, London, Paris und Mailand. Konfektion ist heute eine Mischung aus Haute Couture und Massenware. Sie wird zwar nicht für einen Einzelnen angefertigt, ist jedoch aufwendig, und Entwurf und Verarbeitung zeugen von großer Sorgfalt. Zudem besteht die Tendenz, jedes Kleidungsstück nur in limitierter Stückzahl zu produzieren, wodurch es exklusiv und teuer wird.

Die größeren, teuren Prêt-à-porter-Designerlabels entwickeln auch Kollektionen im unteren und mittleren Preissegment. Als Beispiele seien hier Marc von Marc Jacobs und See von Chloé genannt. Durch den Aufbau eines separaten Labels können die Designer sich eines viel breiteren Kundenstamms bedienen, während sie gleichzeitig die angestrebte Markenidentität ihrer Hauptlinie bewahren.

Prêt-à-porter-Labels präsentieren ihre Kollektionen für die jeweilige Saison auf den zweimal jährlich stattfindenden Modewochen und verkaufen sie so häufig en gros an Boutiquen und Kaufhäuser. Sie arbeiten in der Regel 12 Monate im Voraus, recherchieren und entwickeln ihre Kollektion für die Modemessen, auf denen sie sie verkaufen werden. Mit der Produktion beginnen sie erst, nachdem sie Bestellungen der Boutiquen und Kaufhäuser entgegengenommen haben. Diese Vorgehensweise ermöglicht es ihnen, nur die bestellte Anzahl an Kleidungsstücken zu produzieren und so das Risiko der Überproduktion sowie die zunächst in Vorleistung zu erbringenden Produktionskosten zu minimieren. Viele Designer eröffnen auch ihre eigenen Einzelhandelsgeschäfte. Durch den Verzicht auf Zwischenhändler können sie ihre gesamte Ware direkt an den Verbraucher weiterreichen und ihre Gewinnspanne maximieren.

### *Modenschauen (Nördliche Halbkugel)*

| Monat | Modenschau | Saison |
|---|---|---|
| Januar | Couture (Paris) | Frühjahr/Sommer |
| Februar/März | Prêt-à-porter - alle | Herbst/Winter |
| Juli | Couture (Paris) | Herbst/Winter |
| September/Oktober | Prêt-à-porter - alle | Frühjahr/Sommer |

Doch nicht nur die preislich immer noch hoch angesiedelten Konfektionslinien der Couturiers werden als Prêt-à-porter bezeichnet, sondern auch die Konfektion von Marken wie Boss, Betty Barclay oder Esprit, die im klassischen Einzelhandel, in Kaufhäusern oder bei Versendern zu finden ist. Nur ein kleiner Teil der auf Messen gezeigten Kollektionen verkauft sich hier allerdings per Vororder. Sofortprogramme (Fast Fashion) sind meist in 2 bis 6 Wochen lieferbar und werden weitgehend auf Risiko vorproduziert. Die Stückzahlen pro Modell liegen bei 300 und mehr, von „Rennern" können mehrere Tausend Stück verkauft werden.

*Überall präsente Einzelhändler, wie Burton in Großbritannien, greifen durch High-End-Designer gesetzte Trends auf und produzieren sie in Serie.*

## Massenmarkt

Heutzutage tragen die meisten Leute Massenware. Sie zielt auf eine noch breitere Palette von Kunden ab als die Konfektionsbekleidung. Diese Kleidung wird in sehr großen Stückzahlen und diversen Standardgrößen produziert, so dass der Normalverbraucher weniger tief in die Tasche greifen muss und sie sich eher leisten kann. Die Designer verarbeiten häufig die von den ganz Großen der Modebranche gesetzten Trends. Durch den kreativen Einsatz billiger Materialien und Produktionsverfahren sowie die gezielte Ausrichtung auf den Geschmack ihrer Kunden gelingt es ihnen, niedrigpreisige Mode herzustellen. Designer von Massenware können sich jedoch nicht ausschließlich auf Inspiration durch die Topdesigner verlassen und bedienen sich auf der Suche nach Trends fortwährend auch anderer Bereiche.

Massenware wird zuerst hergestellt und dann in Einzelhandelsgeschäften vertrieben, die häufig Eigentum oder Franchise-Geschäfte der jeweiligen Marke sind (Topshop, H&M, Zara, Gap usw.: sogenannte Vertikale Unternehmen). Das Risiko ist dabei relativ hoch, da es schwierig ist, genau vorherzusehen, welche Produkte sich verkaufen werden. Weil der Zwischenhandel ausgeschlossen wird, kann jedoch der Ladenpreis niedrig gehalten werden.

Ihre eigene Produktlinie wird sich irgendwo innerhalb dieser drei großen Märkte einordnen lassen. Sie sollten prüfen, um welchen Markt genau es sich handelt, und sich ausführlich mit ihm auseinandersetzen. Im Rahmen Ihrer Recherche werden Sie auf eine Reihe kleiner Untermärkte und innerhalb dieser sogar auf Nischenmärkte stoßen. Ein solcher Markt, der sich durch eine rasante Entwicklung auszeichnet und in größeren Mainstream-Märkten Fuß fasst, ist die Ökomode.

*Dass Ausstellungen wie „Estethica" auf der London Fashion Week auftauchen, illustriert die zunehmende Bedeutung der Trends Ökomode und ethisch korrekte Mode.*

## Ökomode

„Ökomode" bezeichnet modische und elegante Kleidung, die nach den Kriterien des fairen Handels umweltschonend produziert wird. Ihr Marktanteil wächst beständig. In ihrer extremsten Form kann sie aus recycelter Kleidung bestehen oder gar aus anderen Artikeln, wie z.B. Öko-Fleece, das aus recycelten Plastikflaschen hergestellt wird. In letzter Zeit gewinnt sie an Bedeutung, so befasst sich eine Reihe von Modemachern in ihrer Arbeit mit umweltschonenden Materialien und Fertigungsverfahren. Da den Verbrauchern immer bewusster wird, welche Verfahren mit der Herstellung von Kleidung einhergehen und wie viel Kohlendioxid durch die Produktion im Ausland entstehen kann, wird Ökomode immer alltäglicher. Sie fungiert an sich schon als Marketinginstrument und zieht Kunden unabhängig davon an, ob sie sich nun für High-End-Design oder Massenware interessieren. Organisationen wie das britische Ethical Fashion Forum (EFF) versetzen Designer, Unternehmen und Organisationen in die Lage, sich auf soziale und ökologische Nachhaltigkeit in der Modeindustrie zu konzentrieren.

## *Produktbereiche im Modedesign*

Die Modeindustrie bietet für Ihre Unternehmensgründung zwar ein breites Spektrum von Produktkategorien zur Auswahl an, es wäre jedoch ratsam, sich anfangs auf nur einen Bereich zu konzentrieren. Je spezifischer Ihre Kundenzielgruppe ist, umso größer ist auch Ihre Chance, eine überzeugende Botschaft für Ihr Label zu entwickeln und Einkäufern, Presse und Verbrauchern gleichermaßen ein tolles Produkt zu bieten.

Verschiedene Produktkategorien können sich auch durch ihre jeweilige Verkaufssaison unterscheiden – das heißt, dass unterschiedliche Einkäufer und Presseleute zu gewinnen und mehr Hersteller zu kontrollieren sind. Es ist sehr viel Zeit, Energie und Geld vonnöten, wenn man all das wirklich gut machen will. Ruht Ihr Label hingegen erst einmal auf einem soliden Fundament, kann es gut sein, dass Sie Ihre Produktpalette erweitern möchten. Sie sollten dafür jedoch Bereiche in Erwägung ziehen, die Ihr bestehendes Angebot ergänzen. Wenn Sie Abendgarderobe für Damen anbieten, könnten Schuhe, Taschen, Schmuck und Parfüm als Komplementärprodukte dienen. Die untenstehende Tabelle zeigt die Bereiche, auf die sich viele neu gegründete Modeunternehmen typischerweise spezialisieren.

## *Produktbereiche im Modedesign*

| Bereich | Kurzbeschreibung | Markt |
|---|---|---|
| Damenmode für den Tag | Praktisch, bequem, modern | Haute Couture, Konfektion, Massenware |
| Damenmode für den Abend | Festlich, elegant, dem Anlass angemessen | Haute Couture, Konfektion, Massenware |
| Damenwäsche | Extravagant, bequem, waschbar | Haute Couture, Konfektion, Massenware |
| Herrenmode für den Tag | Leger, praktisch, bequem | Maßanfertigung, Konfektion, Massenware |
| Herrenmode für den Abend | Stilvoll, elegant, formell, dem Anlass angemessen | Maßanfertigung, Konfektion, Massenware |
| Jungenmode | Praktisch, strapazierfähig, waschbar, preiswert | Konfektion, Massenware |
| Mädchenmode | Hübsch, farbenfroh, praktisch, waschbar, preiswert | Konfektion, Massenware |
| Young Fashion | Sehr modisch, bequem, preiswert | Konfektion, Massenware |
| Sportbekleidung | Bequem, praktisch, atmungsaktiv, waschbar | Konfektion, Massenware |
| Strickmode | Gewicht und Farbe der Jahreszeit angemessen | Konfektion, Massenware |
| Mäntel und Jacken | Stilvoll, warm, Gewicht und Farbe der Jahreszeit angemessen | Konfektion, Massenware |
| Brautmode | Aufwendig, festlich, klassisch | Haute Couture, Konfektion, Massenware |
| Accessoires | Auffällig, modisch | Haute Couture, Konfektion, Massenware |

Quelle: *The Fashion Handbook*

Die Modelabels Schumacher und Karen Walker (siehe S. 90 und S. 136) begannen mit wenigen zentralen Teilen und steigerten sich dann sehr geschickt. Einkäufer und Verbraucher werden Qualität immer der Quantität vorziehen, versuchen Sie also, im Rahmen einer Neugründung so stark wie möglich Ihr Angebot zu konzentrieren und die einzelnen Teile zu verbessern.

*Die Modemacherin Karen Walker begann ausschließlich mit Kleidung, erweiterte ihr Angebot jedoch bereits um Sonnenbrillen, Schmuck und andere Produkte.*

## *Saisonabhängigkeit*

Eine Modesaison definiert sich traditionell über das jeweilige Wettergeschehen. So arbeiten Designer typischerweise im Jahr auf zwei Saisons hin – die Herbst-/Wintersaison und die Frühjahrs-/Sommersaison. Durch die Trennung dieser beiden Saisons können die wichtigsten Stoffe, Farben und Schnitte an den Jahreszeiten ausgerichtet werden. Etablierte Designer fügen durchaus eine Hochsommerkollektion und eine Weihnachtskollektion hinzu und erhöhen so die Gesamtzahl auf vier Saisons.

Im sogenannten Retail Management, das sich die Leistungssteigerung von Einzelhandelsgeschäften zur Aufgabe macht, legt man eine Saison andererseits auch nach finanziellen Gesichtspunkten fest. Für einen Retail Manager stellt eine Saison einen Zeitraum dar, in dem das Produkt zum vollen Preis, verbilligt oder zum Ausverkaufspreis verkauft wird. Es ist wichtig, die Lagerzeit eines Produktes zu ermitteln. Während bei anhaltender Nachfrage das Lager aufgefüllt werden muss, müssen Lagerbestände, die sich nicht verkaufen, zwecks Lagerräumung beworben werden.

### *Typisches Geschäftsjahr eines Designers (Nordhalbkugel)*

| Saison | Kalendermonat |
|---|---|
| Herbst/Winter | August bis Januar |
| Weihnachtskollektion (optional) | November |
| Frühjahr/Sommer | Januar bis Juli |
| Hochsommer (optional) | Mai/Juni |

### *Typisches Geschäftsjahr für „Fast Fashion" (Nordhalbkugel)*

| Saison | Kalendermonate |
|---|---|
| Vorfrühling | Januar/Februar |
| Frühjahr | Februar/März |
| Frühsommer | April/Mai |
| Schlussverkauf (kein gesetzlich vorgegebener Zeitrahmen) | Juni |
| Hochsommer | Juli |
| Übergangszeit zum Herbst | Juli/August |
| Herbst | September/Oktober |
| Partymode | November |
| Weihnachten/Übergangszeit zum Frühjahr | Dezember |
| Schlussverkauf (kein gesetzlich vorgegebener Zeitrahmen) | Dezember/Januar |

Mitte der 1990er revolutionierten die großen, überall präsenten Einzelhandelsläden die Modesaisons für den Verbraucher. Der Trend zur „Fast Fashion", der schnellen Mode, brachte eine Abkehr von den beiden traditionellen Saisons pro Jahr zugunsten kürzerer, einander häufiger abwechselnder Saisons. Fast Fashion ermöglicht es großen Einzelhandelsketten wie H&M, Zara und Topshop, alle paar Wochen neue

*Einführung in die Modeindustrie*

**1. UNTERNEHMENSSTRATEGIE**

**2. MARKTRECHERCHE**

**3. ERSTELLEN DER ENTWÜRFE**

Kollektionen anzubieten. Es gestattet ihnen nicht nur, dichter an den Trends zu bleiben, indem sie sich sehr schnell auf Marktveränderungen einstellen, sondern vor allem auch, ihre Lagerbestände effizienter zu beeinflussen.

Noch ist der Trend der Fast Fashion zu jung als dass man beurteilen könnte, inwiefern er sich auf das High-End-Segment des Modemarkts auswirken wird. Er hat jedoch zweifelsohne bereits das Kaufverhalten vieler Verbraucher in Sachen Mode verändert. Viele Modemacher und im High-End-Segment tätige Einzelhändler haben begonnen, Vorkollektionen einen hohen Stellenwert einzuräumen, in deren Rahmen sie Produkte bereits einige Monate vor den großen Modenschauen präsentieren (siehe Kapitel 11). Durch die Fast Fashion sind auch die Erwartungen in Bezug auf das Preis-Leistungs-Verhältnis gestiegen, denn viele Einzelhandelsketten können trendorientierte Produkte sehr preiswert und in immer besserer Qualität anbieten.

Der Schlüssel zum Erfolg innerhalb dieses neuen saisonalen Zeitrahmens à la Fast Fashion ist Ihre Wertschöpfungskette, auch Lieferkette genannt. Je besser und effektiver Ihre Lieferkette ist, umso flexibler ist Ihr Unternehmen und umso größer ist auch die Chance, mehrere Kollektionen pro Jahr anzubieten. Selbst wenn Ihre Verkaufsstrategie, wie bei den meisten kleinen Labels, auf zwei Saisons pro Jahr ausgerichtet ist, wird Ihr Erfolg maßgeblich von Ihrer Lieferkette abhängen.

## *Die Lieferkette*

Der Begriff „Lieferkette" beschreibt Unternehmensaktivitäten in den Bereichen Planung, Umsetzung und Steuerung des Produktflusses sowie der Produktlagerung, von der Rohstoffbeschaffung bis zum Verkauf an die Endkunden. Dies alles dient dazu, den Bedarf Ihrer Kunden zu decken. Die Lieferkette hat durch den gegenwärtigen Trend zur Produktion im Ausland und zur Fast Fashion an Bedeutung gewonnen und wird durch große Einzelhandelsketten sehr genau kontrolliert. Sie müssen Ihre Lieferkette effektiv gestalten, wenn Sie Ihre Gewinnspannen maximieren und Verluste minimieren wollen. Lieferketten können zwar sehr kompliziert wirken, doch die Darstellung auf diesen Seiten zeigt eine einfache Lieferkette für ein kleines, neu gegründetes Modeunternehmen, das seine Produkte zweimal jährlich en gros an Boutiquen, selbstständige Einzelhändler und Warenhäuser verkauft.

Der gesamte Prozess beginnt damit, dass Sie Ihre Unternehmensstrategie festlegen – also das, was Sie zu tun beabsichtigen. Hierin liegt auch die Daseinsberechtigung Ihres Modelabels und bei jeder Ihrer Aktivitäten sollten Sie sich dessen bewusst sein. Auf dieser Basis machen Sie sich als Nächstes mit Ihrem Markt vertraut, auch mit den Kunden und dem Produkt. Dies wird Ihnen bei der Entwicklung Ihrer Kollektion helfen. Erst nach diesen Recherchearbeiten sollten Sie sich mit der Erstellung von Entwürfen befassen. In dieser Phase beginnt sich die Ästhetik

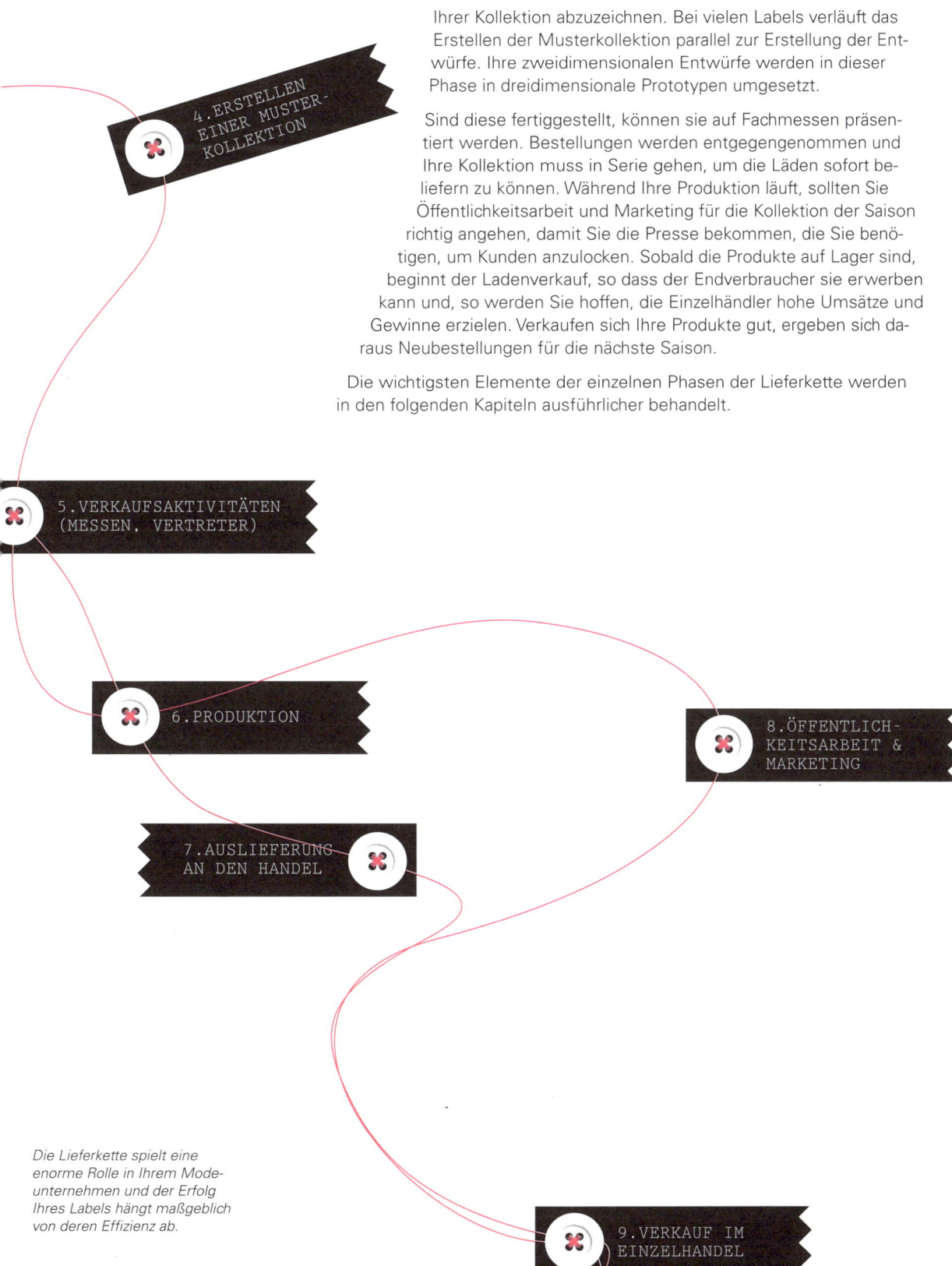

**4. ERSTELLEN EINER MUSTERKOLLEKTION**

Ihrer Kollektion abzuzeichnen. Bei vielen Labels verläuft das Erstellen der Musterkollektion parallel zur Erstellung der Entwürfe. Ihre zweidimensionalen Entwürfe werden in dieser Phase in dreidimensionale Prototypen umgesetzt.

Sind diese fertiggestellt, können sie auf Fachmessen präsentiert werden. Bestellungen werden entgegengenommen und Ihre Kollektion muss in Serie gehen, um die Läden sofort beliefern zu können. Während Ihre Produktion läuft, sollten Sie Öffentlichkeitsarbeit und Marketing für die Kollektion der Saison richtig angehen, damit Sie die Presse bekommen, die Sie benötigen, um Kunden anzulocken. Sobald die Produkte auf Lager sind, beginnt der Ladenverkauf, so dass der Endverbraucher sie erwerben kann und, so werden Sie hoffen, die Einzelhändler hohe Umsätze und Gewinne erzielen. Verkaufen sich Ihre Produkte gut, ergeben sich daraus Neubestellungen für die nächste Saison.

Die wichtigsten Elemente der einzelnen Phasen der Lieferkette werden in den folgenden Kapiteln ausführlicher behandelt.

**5. VERKAUFSAKTIVITÄTEN (MESSEN, VERTRETER)**

**6. PRODUKTION**

**7. AUSLIEFERUNG AN DEN HANDEL**

**8. ÖFFENTLICHKEITSARBEIT & MARKETING**

**9. VERKAUF IM EINZELHANDEL**

*Die Lieferkette spielt eine enorme Rolle in Ihrem Modeunternehmen und der Erfolg Ihres Labels hängt maßgeblich von deren Effizienz ab.*

## *Fallbeispiel: Noir*

Peter Ingwersen gründete Noir Illuminati II im Februar 2005 im Alter von 41 Jahren. Nach einem Designstudium in seiner Heimat Dänemark arbeitete er eine Zeitlang als Markenmanager für Levi's und wurde dann Geschäftsführer bei der renommierten dänischen Marke Day Birger Mikkelsen. Marken für andere zu entwickeln bedeutete relativ viel Sicherheit, doch er verabschiedete sich davon, um sich seinen Traum zu erfüllen: die Einführung „einer niveauvollen Marke für die Frau ab 30, provokant, ethisch korrekt und luxuriös, luxuriös wie auch der Preis, mit international führenden Warenhäusern und Boutiquen als Zielgruppe." Während seiner ersten Saison wurde Noir von Harvey Nichols (London), Lane Crawford (Hongkong), Podium (Moskau) und 30 weiteren prestigeträchtigen Einzelhändlern weltweit präsentiert. Drei Jahre später bieten fast doppelt so viele Läden Noir an und Peter denkt an sein erstes eigenes Ladengeschäft.

Peters Vision rührt von seinem Wunsch her, „der Welt zu zeigen, dass Ethik und Stil Hand in Hand gehen können" und „die erste Marke zu schaffen, die soziales Unternehmertum sexy umsetzt". Er erkannte den einsetzenden Wandel im Verbraucherverhalten, der sich in der Nachfrage nach Mode niederschlug, die Sinn stiftet, die „die Regeln der Modeindustrie befolgt, doch die ganze Lieferkette sozial verantwortlich gestaltet". So machte er sich daran, das zu schaffen, was seiner Meinung nach fehlte in der Modeindustrie: eine Kollektion, die die Lücke zwischen „Stil und Ethik" schloss. Heraus kam eine Verflechtung zweier Konzepte: Noir, Peters Vision von einer Luxusmarke, und Illuminati II, seiner Marke für luxuriöse Stoffe, die Noir und andere Luxusmarken mit den hochwertigsten Baumwollstoffen beliefert, und zwar unter Einhaltung der sozialen und ökologischen Prinzipien des Globalen Pakts der Vereinten Nationen (www.unglobalcompact.org) und der Internationalen Arbeitsorganisation (www.ilo.org). „Die Idee ist, dass Illuminati II Stoffe aus fair gehandelter Biobaumwolle aus dem Herzen Afrikas liefert und gleichzeitig Nachhaltigkeit durch das Humane Business Model garantiert."

Peter produziert die Baumwollstoffe für Illuminati II in Europa und verwendet dafür Rohbaumwolle aus Uganda. Er zahlt mehr als die üblichen Industriepreise für die Rohbaumwolle und versucht auf diese Weise, die Industrie zu beleben und in der Region nachhaltiges Wirtschaftswachstum anzuregen. Die von ihm gegründete Stiftung Noir Foundation verwendet einen Teil der erzielten Einnahmen für die Sicherung der medizinischen Grundversorgung und für die Bereitstellung von Mikrokrediten. Infolgedessen „kann Noir Kollektionen anbieten, die den Modegeschmack der Kunden und gleichzeitig ihr soziales Gewissen bedienen, da sie im Luxussegment Sinn stiften". Er besteht darauf, dass es „nicht mehr kostet, schöne, ethisch korrekte Kleidung zu kreieren, es macht nur mehr Mühe und bei einem ethischen Ansatz ist eine andere Lieferkette erforderlich. Doch man kann die Leute nicht davon überzeugen, die ethische Herausforderung anzunehmen, wenn man ihnen nicht Kleidung bietet, die wirklich sexy ist und Stil hat."

Die erste Noir-Kollektion bestand aus insgesamt 60 Teilen und wurde von Peter aus der eigenen Tasche bezahlt. Da seine Zielgruppe das Luxussegment war, lag das Preisniveau bei 1.150 € für Hosenanzüge, 230 € für Baumwollhemden, 390 € für Seidenblusen und 850 € für Kleider. Nach dem Einführungserfolg der ersten Saison gelang es Peter, Investoren für das Unternehmen zu gewinnen, die das Wachstum förderten. Es dauerte drei Jahre, bis die Gewinnschwelle erreicht war. Peter sagt „Investitionen sind ein absolutes Muss, wenn Anspruch und Wachstum einander entsprechen sollen". Er glaubt, dass die ersten Erfolge von Noir zum Teil auf dem Reiz des Neuen und dem Hype beruhten, sagt aber auch, dass die Leute, mit denen er arbeitet, und seine Entschlossenheit, etwas zu bewegen, eine gewaltige Rolle spielen. Maßgeblich für das erfolgreiche Betreiben eines Modelabels sind seiner Meinung nach die Fähigkeiten, strategisch vorzugehen, seine Marke zu positionieren und Netzwerke zu bilden sowie Geschäftssinn.

„Noir ist elegant, provokant und luxuriös und steht für soziales Unternehmertum. Diese Schlüsselbotschaften müssen dem Verbraucher über die Medien vermittelt werden." Aus diesem Grunde sind die Noir-Kollektion, die hochwertigen Noir-Aufnahmen, eine Schau für die Presse und die Noir-Geschichte sorgfältig darauf ausgerichtet, die Aufmerksamkeit der Medien auf sich zu ziehen, die sich schließlich in Geschäftschancen umsetzen lässt. Peter erläutert: „Wir sicherten uns einen vier Seiten langen Artikel im US-amerikanischen Modemagazin Harper's Bazaar, noch bevor Noir überhaupt in den Läden zu haben war. Diese starke Stütze verlieh der Marke sofort Glaubwürdigkeit und machte Noir für Einzelhändler attraktiv."

*Noir bietet luxuriöse Entwürfe im High-End-Segment, die Stil haben, sich aber gleichzeitig auf die Botschaft sozialer Verantwortung stützen.*

Kapitel 2: Werden Sie Ihr eigener Chef

**W**as ist so reizvoll daran, sein eigener Chef zu sein, und wie können Sie, bevor Sie mit dem Geldausgeben beginnen, sicherstellen, dass Sie über das bestmögliche Rüstzeug verfügen, um die Hindernisse zu meistern, die sich Ihnen in den Weg stellen? Dieses Kapitel beleuchtet einige der wesentlichen Vorteile einer Existenzgründung und beschäftigt sich mit den ersten notwendigen Schritten, mit denen Sie sich auseinandersetzen sollten. Es behandelt auch den Nutzen von Zielsetzungen auf dem Weg zu Ihrem großen Ziel, ein eigenes Modelabel zu betreiben.

## Im Alleingang

Warum träumen so viele davon, ihren Arbeitsplatz mit festen Arbeitszeiten an den Nagel zu hängen, um den Traum von der Selbstständigkeit zu verwirklichen?

1. **Freiheit:** Sie sind Ihr eigener Chef. Das heißt, Sie legen die Regeln fest. Vorbei die Zeit, in der Sie um ein paar freie Tage bitten mussten; noch wichtiger ist vor allem die Freiheit, sich selbst Ziele setzen zu können.
2. **Kreativität/Vision:** Die Chance, etwas völlig neu aufzubauen, und zwar genau so, wie Sie es sich vorstellen, und auch die Möglichkeit, ein bleibendes Erbe zu hinterlassen.
3. **Kontrolle:** Sie haben das letzte Wort und der Erfolg Ihres Unternehmens liegt in Ihren Händen.
4. **Wahlmöglichkeiten:** Mac oder PC, von neun bis fünf oder zehn bis sechs, orangefarbene oder weiße Wände – Sie können Ihr Unternehmen an Ihren eigenen Vorstellungen und Ihrem Stil ausrichten.
5. **Ehrgeiz:** Wie weit Ihr Unternehmen expandiert, hängt von Ihren Fähigkeiten ab; wenn Sie hingegen klein bleiben wollen, ist Ihnen auch das freigestellt.
6. **Finanzen:** Ihr Verdienst ist nach oben hin unbegrenzt.
7. **Zu Hause arbeiten:** Viele kleine Modelabels werden in der eigenen Wohnung gegründet. Man verschwendet also keine Zeit mehr mit dem Pendeln.
8. **Personalentscheidungen:** Sie können die Leute einstellen, mit denen Sie zusammenarbeiten wollen.
9. **Urlaub:** Sie können sich so viel freinehmen, wie Sie wollen, wann immer Sie wollen.
10. **Flexibilität:** Ihre Ideen können in die Tat umgesetzt werden, sobald sie Ihrer Meinung nach reif dafür sind.

*Peter Ingwersen von Noir*

Das sind zwar sehr verbreitete Gründe für den Start in die Selbstständigkeit, doch wo Licht ist, ist auch Schatten, und Sie sollten die Nachteile sorgfältig abwägen. Dazu zählen:

1. **Fehlende Unterstützung:** Es gibt häufig niemanden, an den Sie sich wenden können, wenn Fragen in Bereichen aufkommen, in denen Sie keinerlei Erfahrung haben. Dies kann wirklich zum Problem werden, vor allem am Anfang, wenn Sie sich womöglich nicht einmal Teilzeitangestellte leisten können.

2. **Die Verantwortung liegt letztlich bei Ihnen:** Sie sind der Chef und der Erfolg des Unternehmens wird anfangs von Ihren Entscheidungen und davon abhängen, wie viel Arbeit Sie hineinstecken. Ihr Unternehmen ist deshalb nur so solide wie die Fähigkeiten, die Sie mitbringen.

3. **Finanzielle Unsicherheit:** Wenn Lieferanten bezahlt werden wollen und auf dem Konto nur ein bestimmter Betrag verfügbar ist, dann sind Sie der letzte, der bezahlt wird. Wenn das Projekt scheitert, sind sämtliche von Ihnen getätigte Investitionen verloren.

4. **Arbeit rund um die Uhr:** Selbst wenn Sie gerade nicht im Atelier sind, wird Ihr Unternehmen zu einem Ganztagsjob für Sie. Es kann sehr schwerfallen abzuschalten, wenn es alle Hände voll zu tun gibt.

5. **Stress:** Ein eigenes Unternehmen zu führen, insbesondere ein so anspruchsvolles wie ein Modelabel, kann ausgesprochen viel Stress mit sich bringen.

6. **Einsamkeit:** Eine Existenzgründung kann Sie, vor allem, wenn Sie allein von zu Hause aus arbeiten, sehr isolieren. Wenn Sie es gewohnt sind, in einem betrieblichen Umfeld zu arbeiten, kann es eine große Umstellung sein, allein zu arbeiten.

7. **Fehlende Motivation:** Der einzige Chef, der Ihnen über die Schulter blickt und kontrolliert, ob Sie gesetzte Ziele erreichen, werden Sie selbst sein. Wenn Sie es schwer finden, sich zu motivieren, können Fristen schnell verstreichen und Ihr Unternehmen könnte in Schwierigkeiten geraten.

8. **Statt eines Chefs viele:** Obwohl Sie theoretisch Chef Ihres Unternehmens sein mögen, sind Sie Ihren Kunden gegenüber doch zur Rechenschaft verpflichtet. Tatsächlich kann es also sein, als tauschten Sie den einen Chef gleich gegen diverse ein!

===============================================================

**AUFGABE** 5 MINUTEN

*Erstellen Sie eine Liste: Welche Punkte sprechen für Sie dafür, ein eigenes Modelabel zu gründen, welche dagegen? Überwiegen die Vorteile?*

===============================================================

## Vor der Gründung

Sobald Sie entschieden haben, dass Sie auf jeden Fall Ihr eigener Chef sein wollen, sollten Sie Ihre Ideen bündeln. Nachfolgend sind zehn Dinge genannt, die Sie von Anfang an befolgen sollten. Jeden einzelnen Punkt sollten Sie sorgfältig durchdenken. Mehr dazu dann auf den folgenden Seiten.

1. **Beurteilen Sie sich selbst:** Sie sind der Schlüssel zum Erfolg des Unternehmens. Wo liegen Ihre Stärken, in welchen Bereichen besteht noch persönlicher Entwicklungsbedarf? Fragen Sie andere, wo diese Ihre Stärken sehen.

---

***AUFGABE*** 5 MINUTEN

*Listen Sie all die persönlichen Eigenschaften auf, die Sie für einen erfolgreichen Unternehmer für unabdingbar halten. Arbeiten Sie diese Liste für sich selbst ab. Wie viele dieser Eigenschaften besitzen Sie? Geben Sie die Liste nun Freunden oder Verwandten und lassen Sie diese die Einschätzung vornehmen.*

---

2. **Führen Sie Gespräche:** Holen Sie den Rat möglichst vieler Leute ein. Sprechen Sie mit anderen Unternehmern über deren eigene Erfahrungen. Je bewusster Sie sich der Herausforderungen sind, die vor Ihnen liegen, umso besser können Sie sich vorbereiten.

3. **Vergewissern Sie sich, dass eine Geschäftschance vorliegt:** Der schnellste Weg zu scheitern ist, ein Produkt oder eine Dienstleistung anzubieten, die niemand braucht!

---

***AUFGABE*** 10 MINUTEN

*Führen Sie eine SWOT-Analyse durch (siehe S. 100) – nehmen Sie Ihre Geschäftsidee und listen Sie alle Stärken, Schwächen, Chancen und Gefahren auf, die damit zu tun haben. Wägen Sie Vorteile und Nachteile gegeneinander ab, um festzustellen, ob es sich wirklich um eine so gute Idee handelt, wie Sie zunächst dachten.*

---

4. **Betreiben Sie Marktrecherche:** Dass Sie selbst Ihre Idee für großartig halten, heißt noch lange nicht, dass das auch auf andere zutrifft. Sie müssen herausfinden, welche Bedürfnisse und Wünsche und welche Kaufgewohnheiten Ihre potentiellen Kunden haben.

5. **Sammeln Sie relevante Erfahrungen:** Wenn Sie ein Einzelhandelsgeschäft eröffnen wollen, dann arbeiten Sie zunächst in einem. Woher wollen Sie wissen, welcher Bedarf im Mode- und Lifestylesegment besteht, wenn Sie noch nie in diesem Bereich gearbeitet haben? Auf diese Weise bekommen Sie vielleicht auch mit, wie Leute, die im Laden einkaufen, ihre Ausgaben für die jeweilige Saison planen und neue Labels auswählen.

6. **Erstellen Sie einen Plan:** Tragen Sie immer einen Notizblock bei sich. Schreiben Sie alle guten Ideen und potentiellen Hürden auf. Sie können beginnen, Ideen zu formulieren und die Gedanken in Ihrem Kopf zum Leben zu erwecken. Hieraus können Sie dann später einen strukturierteren Geschäftsplan entwickeln.

7. **Knüpfen Sie Kontakte:** Intensive und dauerhafte Kontakte sind unerlässlich für jedes Unternehmen. Beginnen Sie so früh wie möglich damit, insbesondere in Bezug auf Ihre Bank. Ziehen Sie diese auf Ihre Seite. Wenn sie jetzt an Sie und Ihre Idee glaubt, wird sie Ihnen später eher helfen, wenn die Geldmittel einmal knapp werden. Sie müssen auch darüber nachdenken, wie Sie Kontakte zu Ihrer Kundschaft aufbauen können.

8. **Holen Sie sich Unterstützung:** Es ist unbedingt notwendig, sich der Unterstützung durch Freunde und Familie zu versichern. Ihnen muss bewusst sein, wie stark Sie künftig zeitlich beansprucht werden. Ihre Unterstützung wird sehr wichtig sein, vor allem, wenn es einmal hart auf hart kommt. Sie werden für Ihr Unternehmen auch Unterstützung durch Fachleute benötigen, von Schnittmachern über Drucker und Stylisten bis hin zu Fotografen. Beginnen Sie so früh wie möglich, diese Basis aufzubauen, so dass Sie bei Bedarf keine wertvolle Zeit mit der Suche nach der richtigen Person verschwenden müssen.

9. **Lassen Sie sich professionell beraten:** Sie benötigen einen guten Anwalt, einen guten Steuerberater und einen Existenzgründungsberater (hierfür sind staatliche Zuschüsse möglich). Nehmen Sie sich Zeit für Ihre Suche und vergewissern Sie sich, dass sie auf kleine Unternehmen spezialisiert sind. Ihr professioneller Rat kann über Gedeih und Verderb entscheiden.

10. **Denken Sie daran, dass die Einnahmen oft niedriger und die Ausgaben oft höher ausfallen als erwartet:** Existenzgründer neigen häufig dazu, ihre Einnahmen zu überschätzen und die Kosten zu unterschätzen. Optimismus ist zwar ein integraler Bestandteil der Unternehmensgründung, doch durch zurückhaltende erste Prognosen geraten Sie später weniger in Verlegenheit.

## *Zielsetzungen entwickeln*

Das Setzen besonderer Ziele wird Ihnen dabei helfen, Ihre Geschäftsidee zu verdeutlichen und Ihre Arbeit zu planen. Wenn Sie Ihre Liste zusammenstellen – oder sogar schon, wenn Sie die Existenzgründung in Betracht ziehen – werden einige Ihrer Ziele persönlicher Natur sein (ein höherer Lebensstandard, freie Meinungsäußerung oder mehr Geld), während andere geschäftsorientiert sein werden (Ihr Produkt in einer führenden Zeitschrift erwähnt sehen, während Ihrer ersten Saison in fünf wichtigen Läden präsent sein oder einen bestimmten Umsatz im ersten Jahr erzielen). Es ist wichtig, diese beiden Arten auseinanderzuhalten, wenn Sie die Prioritäten Ihres Unternehmens festlegen, da Ihre Ziele manchmal in Konflikt miteinander geraten können. Das persönliche Ziel, mehr Zeit mit Ihrer Familie zu verbringen, kann in direktem Konflikt zu dem unternehmerischen Ziel stehen, Ihr Unternehmen innerhalb der ersten eineinhalb Jahre in die Gewinnzone zu bringen, da es dazu höchstwahrscheinlich notwendig sein wird, sehr viel zu arbeiten. Werden Sie sich am Anfang schon klar darüber, was Sie erreichen möchten.

Bevor Sie sich Ziele setzen, müssen Sie einen Unterschied begreifen. Es gibt Ziele, die eher vage, allgemeine Ausrichtungen vorgeben, nicht spezifisch genug sind, um messbar zu sein. Hierzu zählt etwa „Ich möchte der beste Modemacher der Welt werden". Versuchen Sie solche vagen Zielsetzungen zu vermeiden.

Andererseits gibt es aber auch spezifische Ziele. Es kann sich hierbei um leistungs-, einstellungs- oder verhaltensbezogene Ziele handeln. Doch vor allem sind sie messbar und prägnant, wie z.B.: „Ich möchte von der Vogue zum Designer des Jahres gewählt werden." Versuchen Sie, sich Ziele zu setzen und sie niederzuschreiben. Sie niederzuschreiben heißt, sich vorzunehmen, sie zu erreichen.

Nicht jeder ist dafür gemacht, sein eigener Chef zu sein, und es sind viele Punkte abzuwägen, bevor man den Sprung in die Selbstständigkeit wagt. Für die vielen, die diesen Weg gehen, wiegen die Vorteile jedoch normalerweise schwerer als die Nachteile und sie wünschten, sie hätten sich eher dafür entschieden. Die Fallbeispiele dieses Buches zeigen, dass die Gründung des eigenen Labels für die meisten von ihnen etwas war, was sie aus einer Gewissheit heraus einfach tun mussten.

**AUFGABE**  30 BIS 40 MINUTEN FÜR DIE SCHRITTE 1 BIS 6

**Schritt 1:** Nehmen Sie ein A4-Blatt und ziehen Sie in der Mitte einen senkrechten Strich. Schreiben Sie auf die linke Seite „Persönliche Ziele" und auf die rechte Seite „Unternehmerische Ziele". Ganz oben in die Mitte schreiben Sie „Nahziele".

**Schritt 2:** Listen Sie in 10 Minuten in der linken Spalte alle persönlichen Ziele auf, die Ihnen einfallen. Denken Sie daran, dass sich persönliche Ziele auf Ihren angestrebten Lebensstil beziehen.

**Schritt 3:** Listen Sie in weiteren 10 Minuten nun in der rechten Spalte Ihre unternehmerischen Ziele auf. Denken Sie daran, dass diese Ziele mit der gewünschten Entwicklung Ihres Unternehmens zu tun haben (z.B. das Gewinnen von 5 wichtigen Fachhändlern in Ihrer ersten Saison oder das Einstellen eines Designassistenten, damit Sie selbst sich anderen Unternehmensbereichen widmen können).

**Schritt 4:** Prüfen Sie, ob Konflikte zwischen Ihren persönlichen und unternehmerischen Zielen bestehen, oder gar zwischen den Zielen innerhalb einer der Listen. Im Idealfall sollten Ihre unternehmerischen Ziele Ihre persönlichen Ziele stützen.

**Schritt 5:** Wählen Sie drei persönliche und zwei unternehmerische Ziele aus und versuchen Sie, sie ausführlicher auszubauen. Formulieren Sie sie schriftlich, in der ersten Person der Zukunftsform – „Ich werde erreichen...". Achten Sie darauf, sich in Form eines Datums eine Frist für das Erreichen eines jeden Ziels zu setzen.

**Schritt 6:** Nehmen Sie ein separates Blatt Papier und schreiben Sie jede Absichtsformulierung nach Prioritäten sortiert auf.

**Schritt 7:** Wenn Sie am Morgen aufwachen, lesen Sie Ihre Liste laut vor, schließen dann die Augen und stellen sich vor, wie Sie jedes einzelne Ziel erreichen. Stellen Sie sich vor, was es für ein Gefühl ist, Ihre Kollektion beim ersten Fachhändler hängen zu sehen, wie Sie sich am Ende Ihrer ersten Modenschau verbeugen oder sich auf einer Insel in der Karibik erholen. Legen Sie die Liste dann beiseite und gehen Sie voll Zuversicht Ihrem Tagesgeschäft nach.

**Schritt 8:** Immer, wenn Sie ein Ziel erreicht haben, streichen Sie es von Ihrer Liste und nehmen sich etwas Zeit, Ihren Erfolg vor sich selbst anzuerkennen. Ersetzen Sie das erreichte Ziel durch ein neues und

### Nahziele

| Persönliche Ziele | Unternehmerische Ziele |
|---|---|
| Höherer Lebensstandard | In der ersten Saison fünf Fachhändler gewinnen |
| Freie Meinungsäußerung | Erwähnung des Produktes in wichtigen Magazinen |
| Höherer Verdienst | Nach einem Jahr Gewinnzone erreichen |
| etc. | etc. |

fertigen sie eine neue Liste an. Verfahren Sie weiter auf diese Art und Weise.

Es ist wichtig, die Liste niemandem zu zeigen, es sei denn, die betreffende Person arbeitet mit Ihnen direkt daran, Ihre Zielsetzungen zu erreichen. Ans Ziel zu gelangen verlangt Konzentration und harte Arbeit und Sie können gut auf den zusätzlichen Druck durch andere verzichten, die kontrollieren, was Sie bisher erreicht haben. Wenn Sie Ihre Zielsetzungen niederschreiben und visualisieren, wie Sie sie erreichen, werden Sie feststellen, dass Ihnen Ideen zur Umsetzung einfach zufliegen. Ist dies der Fall, dann setzen Sie sie sofort in die Tat um und Sie werden dem Modeunternehmen, das Sie sich vorgestellt haben, immer näher kommen.

## Fallbeispiel

Howard Harrison (früher Anwalt und Investmentbanker), Benoit Rescue (früher Creative Director in der Werbebranche) und Alastair Hops (früher Banker im Privatkundengeschäft) gründeten Knomo im Oktober 2004 und spezialisierten sich auf luxuriöse und elegante Business-Taschen und Accessoires für Urban Professionals, also die urbane obere Mittelschicht. Howard erläutert: „Die Idee für die Marke entstand, als ich mit einer dieser normalen, hässlichen schwarzen Laptoptaschen reiste und meine Tasche am Flughafen Heathrow mit einer anderen verwechselt wurde. Ich begriff, dass es eine Marktlücke für elegante, modische Laptoptaschen gab, und das war die Geburtsstunde von Knomo."

Knomo brachte zunächst sechs Modelle und ein Sortiment aus insgesamt 18 Teilen auf den Markt und konzentrierte sich dabei auf Laptoptaschen aus Leder, die Funktionalität boten, aber ebenso Stil. Seitdem verzeichnet das Unternehmen ein rasches Wachstum. Das Sortiment wurde erweitert und umfasst nun eine breite Palette von Damen-, Herren- und Laptoptaschen sowie kleinen Accessoires wie iPod-Taschen. Das Preisspektrum bewegt sich zwischen 33 € und 320 €.

Das Unternehmen wurde in den ersten drei Jahren eigenfinanziert. Alle drei Geschäftsführer investierten zu Beginn, um das Unternehmen auf den Weg zu bringen, und beschlossen, in den ersten beiden Jahren auf Gewinnentnahmen zu verzichten. Die Finanzierung des Unternehmens erfolgte darüber hinaus durch einen Überziehungskredit und ein Kreditprogramm der britischen Regierung für mittelständische Unternehmen. Ein Aufstocken der verfügbaren Mittel gelang außerdem durch das Bewerben um Fremdfinanzierung mittels Einfuhrfinanzierung und Factoring, dem Verkaufen von Forderungen. Alaistar warnt: „Sie sollten viel Wert auf Ihr Cashflow-Management legen, denn nur Bares ist Wahres, und darauf achten, dass Sie einen freundlichen und verständnisvollen Bankberater als Ansprechpartner haben."

Knomo brauchte 15 Monate, um die Gewinnschwelle zu erreichen. Die Unternehmer glauben, dass ihre Website (www.knomo.com) einen entscheidenden Beitrag zum Gesamtumsatz leistete. Die Entscheidung, sämtliche Gelder wieder in das Unternehmen zu investieren, um internationales Wachstum zu ermöglichen, zeigt, dass sie nicht erwarten, in den nächsten zwei bis drei Jahren Gewinn zu machen.

Sie verfügen über eine sehr klare Verkaufsstrategie für den britischen Binnenmarkt und die globale Einführung der Marke. „In Großbritannien verfolgen wir eine Großhandelsstrategie. Wir haben ganz gezielt bestimmte Einzelhändler ausgewählt, die wir gern beliefern wollten, und sind direkt auf sie zugegangen (nicht im Rahmen einer Fachmesse). Im ersten Jahr war Knomo bei allen erstklassigen Warenhäusern vertreten, mit Ausnahme von Harrods, das 2006 hinzukam. Wir haben den offensiven Vertrieb bis heute nicht auf selbstständige Einzelhändler und Boutiquen ausgedehnt."

In den ersten eineinhalb Jahren präsentierten sie das Produkt auf französischen und deutschen Fachmessen, kamen jedoch zu dem Schluss, dass dies zu früh war für die Marke. In ihrem zweiten Jahr begannen sie, mit Großhändlern wichtiger Auslandsmärkte zusammenzuarbeiten. Sie denken, dass ihre Erfolgsquote bei ihren Großhandelspartnern bei etwa 50 Prozent liegt. Sie erkannten auch, dass die USA den größten Markt für ihr Produkt darstellten und verbrachten ein Jahr damit, Möglichkeiten einer erfolgreichen Markteinführung zu recherchieren. Nachdem sie einige potentielle Großhandelspartner gefunden und erwogen hatten, die Einführung auf dem US-Markt allein zu bewältigen, beschlossen sie, dass ein Joint Venture mit einem erfahrenen US-amerikanischen Partner das Beste wäre. Howard sagt „Wir haben vor kurzem ein Joint Venture in den USA ins Leben gerufen und zur Finanzierung dieses Unternehmens einige Investoren ins Boot geholt. Wir haben diesem Joint Venture die Lizenz erteilt und halten 50% des Unternehmens."

Für Knomo war es von ausschlaggebender Bedeutung zu wissen, wann man mit anderen zusammenarbeiten und auf andere hören sollte, und netzwerken zu können. „Da wir über keinerlei Erfahrung in diesem Sektor verfügten, haben wir viel durch Gespräche mit Fachleuten in der Industrie, Einzelhändlern und Endverbrauchern gelernt." Ihr Tipp für erfolgreiches Netzwerken lautet: „Sprechen Sie immer mit so vielen Leuten wie möglich, stellen Sie viele Fragen und bleiben Sie locker!"

Diese Fähigkeit zu netzwerken wurde mit einem wirklich innovativen Produkt verknüpft. Die Knomo-Geschäftsführer gehen davon aus, dass hierin auch die beiden Hauptgründe für den bisherigen Erfolg ihrer Marke zu finden sind. Sie glauben, dass es unbedingt notwendig ist, sich eines Alleinstellungsmerkmals zu versichern (USP = Unique Selling Point): „Wenn Sie sich nicht abheben, wird man Sie nie bemerken. Es ist uns gelungen, intelligentes Design mit innovativer Funktionalität zu kombinieren. Ohne ein großartiges Produkt gibt es auch kein Geschäft." Schließlich wollen sie „eine globale Marke schaffen, die Vergnügen bereitet, unverwechselbar ist und für coole Arbeitstaschen steht" und ziehen ihre Motivation aus der „Leidenschaft, großartige Produkte zu kreieren und der Herausforderung, einem traditionell farblosen und langweiligen Sektor ein neues Image zu geben".

*Das Label Knomo begann mit Designer-Laptoptaschen und erweiterte sein Sortiment dann im Zuge seiner Expansion.*

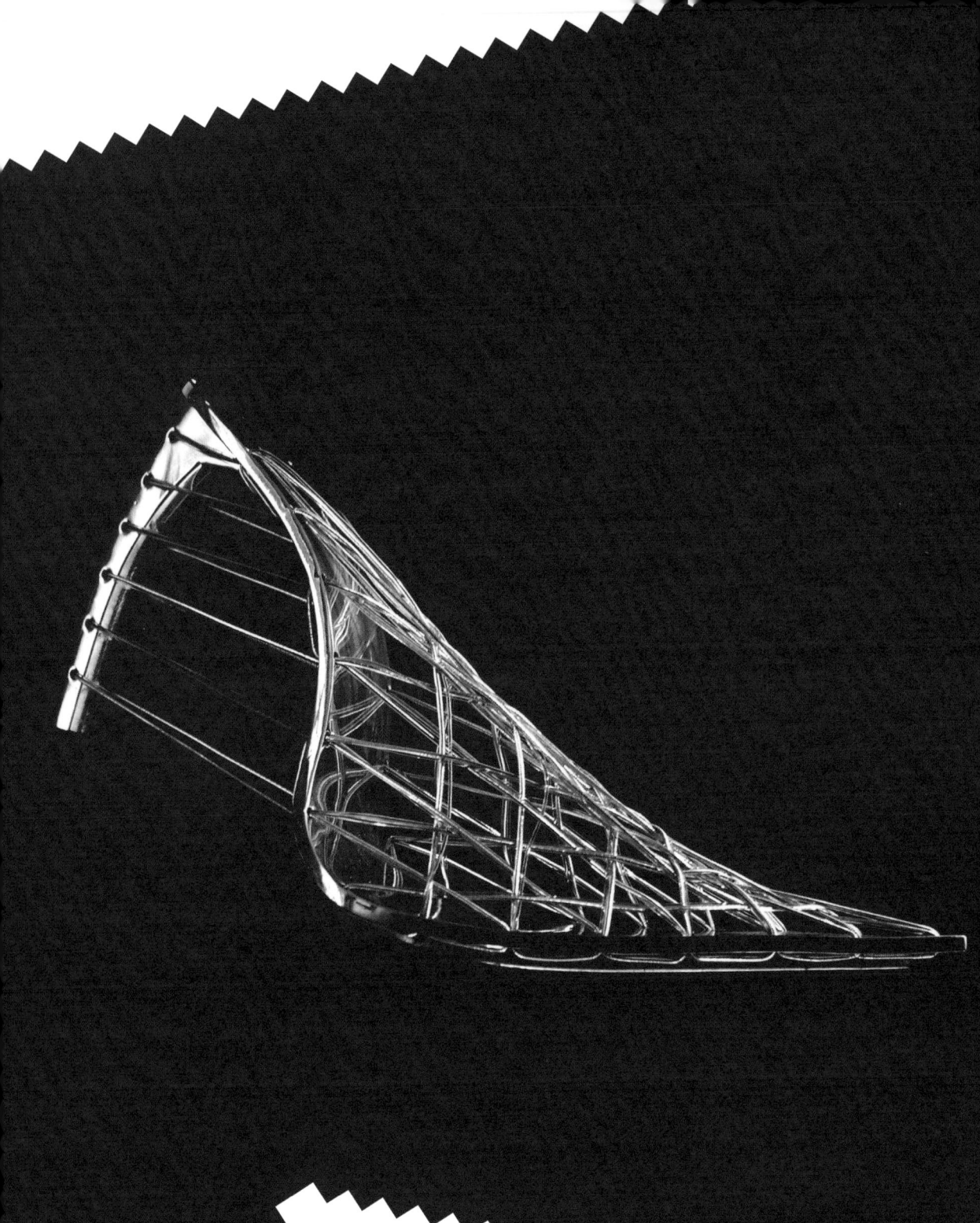

# Kapitel 3: Rechtsformen von Unternehmen

*Sie werden sich gleich zu Beginn überlegen müssen, welche Rechtsform Ihr Unternehmen haben soll. Bei dieser Entscheidung müssen Sie verschiedene Faktoren berücksichtigen. Werden Sie allein oder mit Gesellschaftern gründen? Werden Sie beträchtlich in Ihr Unternehmen investieren müssen, um es auf den Weg zu bringen? Eine durchdachte Gründung wird die Kosten minimieren. Sie kann auch einen Hauptgrund für das Scheitern von Unternehmen verhindern, nämlich dass die Beziehung zu Ihrem Geschäftspartner in die Brüche geht.*

*Nicht jede Rechtsform passt zu jedem Gründer. Diskutieren Sie die Optionen mit Ihrem Anwalt und denken Sie daran, dass auch spätere Veränderungen der Rechtsform möglich sein sollten, wenn das Unternehmen sich entwickelt und Sie seine Chancen und Grenzen besser kennen.*

*In Deutschland ist das Einzelunternehmen die am häufigsten gewählte Rechtsform, danach folgt die GmbH.*

## Einzelunternehmer

Wenn Sie allein gründen, stellt ein Einzelunternehmen die bei weitem einfachste Möglichkeit für Ihr Unternehmen dar. Es fallen geringe Gründungsgebühren an. Die Buchführung ist einfach und sie können, da Sie allein tätig sind, auch allein über den gesamten Gewinn verfügen. Nachteile sind hingegen, dass Sie in vollem Umfang mit ihrem gesamten Vermögen haften. Sollten Sie ein hohes Maß an Fremdfinanzierung benötigen, wäre das Risiko für Sie also sehr hoch.

### Gründung
Zur Gründung eines Einzelunternehmens müssen Sie: als Gewerbetreibender beim Gewerbeamt Ihre Tätigkeit anmelden, als gewerbetreibender Kaufmann beim Gewerbeamt Ihre Tätigkeit anmelden und Ihr Unternehmen ins Handelsregister eintragen lassen, als Freiberufler eine Steuernummer beim Finanzamt beantragen.

### Unternehmensführung und Finanzierung
Als Einzelunternehmer sind Sie das Unternehmen, das heißt, dass die Unternehmensführung inklusive aller damit verbundenen tagtäglichen Entscheidungen allein bei Ihnen liegt. Die meisten Einzelunternehmer stecken etwas Eigenkapital in die Gründung ihres Unternehmens und machen dann, wenn nötig, von Bankkrediten oder anderen Geldgebern Gebrauch.

*Konzeptschuh von
Gil Carvalho*

### Buchführung

Einzelunternehmer sind selbstständig tätig und verpflichtet, einmal jährlich eine Steuererklärung beim Finanzamt einzureichen. Sie müssen Einnahmen und Ausgaben gegenüber dem Finanzamt belegen können, um die Korrektheit Ihres Jahresabschlusses, Ihrer Steuerzahlungen und Sozialversicherungsbeiträge nachzuweisen. Ihr Steuerberater kann Ihnen helfen, wenn Buchhaltung und Jahresabschluss nicht zu Ihren Stärken zählen sollten.

### Gewinn und Steuern

Sie können über den gesamten von Ihrem Unternehmen erwirtschafteten Gewinn verfügen. Da Sie selbstständig sind, unterliegen Ihre Gewinne jedoch der Einkommensteuer. Sie müssen gegebenenfalls außerdem Umsatzsteuer und Gewerbesteuer entrichten.

### Haftung

Als Einzelunternehmer haften Sie in vollem Umfang mit Ihrem gesamten Vermögen. Wenn Ihr Label in finanzielle Schwierigkeiten gerät und Sie Zahlungsverpflichtungen nicht mehr nachkommen können, kann Ihr gesamtes Vermögen, inklusive Ihres Haus- und Grundbesitzes, gefährdet sein.

## *Personengesellschaft*

Zu den Personengesellschaften zählen vor allem die Gesellschaft bürgerlichen Rechts (GbR), die Kommanditgesellschaft (KG), die Offene Handelsgesellschaft (OHG) und die Partnerschaftsgesellschaft (PartG).

Wenn Sie mit einem oder mehreren Geschäftspartnern ein Unternehmen gründen wollen, müssen Sie entscheiden, welche Rechtsform in Ihrem Falle die Sinnvollste ist. Eine Personengesellschaft dürfte die flexibelste und unkomplizierteste Möglichkeit für Ihr Unternehmen darstellen. Die Gesellschafter teilen sich Kosten, Risiken und Gewinn und haften gemeinsam für die Verbindlichkeiten des Unternehmens. Sie fällen gewöhnlich alle Entscheidungen, die das Unternehmen betreffen, gemeinsam. Sämtliche betriebliche Ausgaben bedürfen der Zustimmung aller Gesellschafter.

Eine Personengesellschaft stellt keine juristische Person dar. Bei Konkurs, Ausstieg oder Tod eines Gesellschafters wird die Personengesellschaft aufgelöst, es sei denn, es wurden gegenteilige Vereinbarungen im Gesellschaftsvertrag getroffen.

### Gründung

Eine Gesellschaft kommt durch Abschluss eines Gesellschaftsvertrags zustande. Für diesen Vertrag ist keine besondere Form vorgeschrieben, wenngleich die Schriftform zu empfehlen ist. Seite 35 gibt einen Überblick über den empfohlenen Inhalt eines Gesellschaftsvertrags – Ihr Anwalt wird Sie detaillierter, unter Berücksichtigung Ihrer persönlichen Umstände beraten können. Wenn Sie entscheiden, keinen Vertrag aufzusetzen, sind Sie schlecht gewappnet für Konflikte, und kleinere Missverständnisse könnten zu schwerwiegenden Auseinandersetzungen eskalieren.

### Unternehmensführung und Finanzierung

Die meisten Personengesellschaften bringen einen Teil ihres Privatvermögens als Gründungskapital ein und stocken ihr Kapital dann bei Bedarf im notwendigen Umfang durch Kredite auf. Bei dieser Rechtsform sind auch „stille" Gesellschafter

*Wenn Sie mit anderen zusammen gründen, müssen Sie sich ausführlich über die möglichen Unternehmensformen informieren.*

verbreitet, also Gesellschafter, die sich mit einer Geldeinlage beteiligen, aber darüber hinaus nicht ins Unternehmen eingebunden sind.

### Buchführung
Jeder Gesellschafter muss die Aufnahme der selbstständigen Tätigkeit bei den jeweils zuständigen Behörden anzeigen und seine Steuererklärung beim Finanzamt abgeben. Die Personengesellschaft ist daher zur Buchführung über Einnahmen und Ausgaben verpflichtet.

### Gewinn und Steuern
Der gesamte durch das Unternehmen erzielte Gewinn wird unter den Gesellschaftern aufgeteilt. Jeder Gesellschafter entrichtet Einkommensteuer auf seinen Gewinnanteil.

### Haftung
Alle Gesellschafter haften persönlich und gesamtschuldnerisch, das heißt mit ihrem Privatvermögen und dem Gesellschaftsvermögen.

# Kapitalgesellschaften

## Gesellschaft mit beschränkter Haftung (GmbH)

Die GmbH gehört zu der Gruppe der Kapitalgesellschaften. Als juristische Person ist sie selbstständige Trägerin von Rechten und Pflichten. Im Gegensatz zur Personengesellschaft haftet sie grundsätzlich nur mit ihrem Gesellschaftsvermögen, nicht jedoch mit dem Privatvermögen der Gesellschafter, die Personen oder andere Unternehmen sein können. Eine Ausnahme von der Haftungsbegrenzung liegt bei einer selbstschuldnerischen Bürgschaft des GmbH-Gesellschafters zur Absicherung von Krediten vor. Auch persönliche Ersparnisse, die in die Kapitaleinlage flossen, stehen beim Scheitern des Unternehmens auf dem Spiel.

Durch die Reform des GmbH-Rechts wurden kleine und mittlere Unternehmensgründungen in der Rechtsform einer GmbH erleichtert. Der Wegfall des Mindeststammkapitals für die Gründung einer Unternehmergesellschaft (haftungsbeschränkt) macht die Flucht in die Rechtsform der englischen Limited überflüssig.

### Gründung

Zur Gründung ist mindestens eine Person notwendig, es kann sich aber auch um beliebig viele weitere Personen handeln. Bei Verwendung eines Mustergesellschaftsvertrags für Standardgründungen (Bargründung, höchstes drei Gesellschafter, festgelegte Unternehmensgegenstände, u.a.) bedürfen lediglich die Gesellschafterverträge der notariellen Beurkundung. So soll ermöglicht werden, eine GmbH ohne Inanspruchnahme rechtlicher Beratung zu gründen.

### Unternehmensführung und Finanzierung

Es ist mindestens ein Geschäftsführer einzusetzen. Oberstes beschließendes Organ der GmbH ist die Gesellschafterversammlung. Das Mindeststammkapital der GmbH beträgt 25.000 EUR. Das neue GmbH-Recht bietet nun die Möglichkeit, als Einstiegsvariante die haftungsbeschränkte Unternehmergesellschaft zu gründen, deren Mindestkapital bei nur 1 EUR liegt. Als Ausgleich für die fehlende Kapitalausstattung darf die Gesellschaft ihren Gewinn allerdings nicht voll ausschütten. Zur Unterscheidung muss sie im Namen den Zusatz „Unternehmergesellschaft (haftungsbeschränkt)" oder „UG (haftungsbeschränkt)" führen. Mit dieser sogenannten Mini-GmbH wurde die Existenzgründung in Deutschland deutlich vereinfacht und für deutsche Existenzgründer eine Alternative zur Limited-Gründung geschaffen.

### Buchführung

Eine GmbH ist zur kaufmännischen Buchführung sowie zur Erstellung von Jahresabschlüssen in der Form von Bilanz und Gewinn- und Verlustrechnung verpflichtet.

### Gewinn und Steuern

Durch das Unternehmen erzielte Gewinne werden gewöhnlich entweder an die Gesellschafter ausgeschüttet oder als Betriebskapital im Unternehmen belassen. Die Entscheidung hierüber liegt bei den Gesellschaftern.

Eine GmbH unterliegt mit ihrem Gewinn der Körperschaftssteuer und dem Solidaritätszuschlag sowie der Gewerbesteuer und hat Sozialversicherungsbeiträge abzuführen. Die Gesellschafter sind zur Abgabe einer Steuererklärung verpflichtet.

*Das Designerlabel für Accessoires Knomo gründete eine Limited Liability Company und hat drei Geschäftsführer.*

**Haftung**

Die GmbH haftet nur mit ihrem Gesellschaftsvermögen, nicht jedoch mit dem Privatvermögen der Gesellschafter. Ausnahmsweise sind die Geschäftsführer persönlich haftbar zu machen, wenn sie zur Absicherung von Krediten eine Bürgschaft übernommen haben. Genauso haften die Geschäftsführer persönlich, wenn sie den Sorgfaltsmaßstab eines ordentlichen Geschäftsmanns überschreiten.

## *Aktiengesellschaft (AG)*

Hierbei handelt es sich um eine Kapitalgesellschaft, bei der das Grundkapital in Aktien zerlegt ist. Die Haftung der Mitglieder, also der Aktionäre, ist auf dieses Kapital beschränkt.

## *Kommanditgesellschaft auf Aktien (KGaA)*

Die Kommanditgesellschaft auf Aktien verbindet Elemente der Aktiengesellschaft und der Kommanditgesellschaft (KG) miteinander. Es handelt sich um eine Aktiengesellschaft, die an Stelle eines Vorstands über persönlich haftende Gesellschafter verfügt.

## *Limited (Britische Kapitalgesellschaft mit beschränkter Haftung)*

Die mit relativ geringem Aufwand und ohne Grundkapital zu gründende Limited kann eine in das Handelsregister eingetragene Zweigniederlassung in Deutschland eröffnen, die das Inlandsgeschäft betreibt. Der Hauptsitz der Firma aber befindet sich in Großbritannien. Mit der Limited verbundene Schwierigkeiten sind:
Neben dem Director, dem geschäftsführenden Organ der Gesellschaft, benötigt die Limited einen Company Secretary, eine in Deutschland unbekannte Institution, die die Einhaltung formaler Standards überwacht und diese Dritten gegenüber bestätigt. Company Secretaries sind in der Regel professionelle Anbieter, die sich ihre Tätigkeit vergüten lassen. Jährlich muss die Limited Jahresbericht und Bilanz in englischer Sprache und nach englischem Recht fristgerecht beim Companies Register hinterlegen. Geschieht dies nicht oder nicht rechtzeitig, drohen empfindliche Strafen für den Director und den Company Secretary sowie die Löschung der Limited aus dem Register. Als Ausgleich zum fehlenden Mindestkapital kann der Director bei Insolvenz leichter als im deutschen Recht persönlich haftbar gemacht werden. Besondere Schwierigkeiten entstehen, vor allem aufgrund der mangelnden Praxis britischer Registergerichte mit Umwandlungstatbeständen, wenn die Gesellschafter zu einer inländischen Gesellschaftsform wechseln möchten.

## *Limited Liability Company (LLC)*

In der Grundform handelt es sich um eine US-amerikanische Kapitalgesellschaft. Durch die Kombination von Haftungsbegrenzung der Gesellschafter mit der Wahlmöglichkeit einer Behandlung als Personengesellschaft ist die LLC für viele deutsche Investoren eine attraktive Rechtsform, insbesondere für kleine und mittlere Unternehmen.

## *Spezielle Unternehmensformen*

### Franchiseunternehmen

Wenn Sie sich in ein bereits bestehendes, erfolgreiches Unternehmen einkaufen möchten, könnte Franchising für Sie in Frage kommen. Als Franchisenehmer erhalten Sie gegen ein Entgelt die Erlaubnis, über Namen, Produkte, Dienstleistungen und das Management Support System des Franchisegebers zu verfügen. Die Lizenz beinhaltet in der Regel eine Festlegung der zur Nutzung freigegebenen Marktregion und die Laufzeit, nach deren Ablauf sie eventuell verlängert werden kann. Bevor ein Franchisegeber über Ihre Eignung entscheidet, wird er Ihr Wachstumspotential in Ihrer Marktregion, Ihre Fachkompetenz und Ihre unternehmerischen Fähigkeiten prüfen. Ebensogut können Sie selbst als Franchisegeber auftreten.

### Sozialunternehmen

Sollte soziales Engagement die Antriebsfeder Ihres Unternehmens sein und nicht materieller Nutzen, könnte ein Sozialunternehmen den richtigen Weg bieten, um Sie an Ihr Ziel zu führen. In einem Sozialunternehmen fließen alle Gewinne in das Unternehmen zurück und dienen dem Erreichen der sozialen Ziele, statt dass sie an Gesellschafter oder Eigentümer ausgeschüttet werden. Es ist jedoch noch strittig, wie genau ein Sozialunternehmen zu definieren ist.

Ihr Modeunternehmen müsste sich zweifelsohne klar durch seine sozialen Ziele abheben, um den Anforderungen zu entsprechen. Für Sozialunternehmen bietet sich vor allem die Form der gemeinnützigen GmbH (gGmbH) an. Sie ist keine eigene Gesellschaftsform und unterliegt den Vorschriften der GmbH. Entsprechen Satzung und tatsächliche Geschäftsführung den Anforderungen des Gemeinnützigkeitsrechts, wird die gGmbH von bestimmten Steuern ganz oder teilweise befreit. Ihre Gewinne dürfen dann nicht ausgeschüttet werden, sondern müssen dem gemeinnützigen Zweck dienen.

---

***Wichtig:***

*Lassen Sie sich von Fachleuten beraten, wenn Sie sich nicht sicher sind, welche Rechtsform Ihren Bedürfnissen am besten entspricht. Ihr Steuerberater, Ihr Rechtsanwalt und Ihr Existenzgründungsberater können Sie auf alle Vor- und Nachteile hinweisen. Es ist möglich, dass Sie zunächst ein Einzelunternehmen oder eine Personengesellschaft gründen und bei aufkommendem externem Finanzierungsbedarf zur Rechtsform einer GmbH wechseln, um sich davor zu schützen, mit Ihrem Privatvermögen haften zu müssen.*

*Gesellschaftsverträge (einer Personengesellschaft)*

*Empfohlene Inhalte:*

- **Name der Personengesellschaft:** Einigen Sie sich auf einen Namen für Ihre Personengesellschaft. Sie können Ihre Nachnamen verwenden, beispielsweise Meyer & Walter, oder Sie können einen Namen wählen, der an Ihr Produkt und sein angestrebtes Image anknüpft. Der Name der Personengesellschaft muss nicht mit dem Namen identisch sein, unter dem Sie Ihr Gewerbe betreiben. Es könnte sogar sein, dass Sie beschließen, verschiedene Untermarken zu entwickeln, die alle einen eigenen Markennamen haben.

- **Beteiligungen und Anteilsquoten:** Definieren Sie, wer wie viel an Bargeld, Vermögen oder Dienstleistungen ins Unternehmen einbringt, und führen Sie Buch darüber. Legen Sie die Anteile der Gesellschafter am Unternehmen fest.

- **Gewinn- und Verlustbeteiligung:** Legen Sie fest, ob Gewinne und Verluste entsprechend den Anteilsquoten der Gesellschafter verteilt werden und ob Gewinne monatlich oder jährlich ausgeschüttet werden.

- **Vertretungsbefugnis der Geschäftsführer:** Entscheiden Sie, ob Sie die Zustimmung eines oder aller Gesellschafter bedürfen, um Verträge zu schließen, die das Unternehmen rechtlich binden.

- **Entscheidungsbefugnisse:** Benötigen Sie die Zustimmung aller für jede unternehmerische Entscheidung oder wollen Sie etwas mehr Freiheit zulassen und können sich vorstellen, dass nur wichtige Entscheidungen einstimmig gefällt werden müssen, so dass Gesellschafter untergeordnete Fragen auch allein entscheiden können?

- **Zuständigkeiten:** Wer soll wofür zuständig sein? Prüfen Sie die Aufgaben der Geschäftsführung Ihrer Personengesellschaft und die Stärken, die jeder Gesellschafter einbringen kann. Setzen Sie die Gesellschafter Ihren Stärken entsprechend ein und teilen Sie wichtige Zuständigkeitsbereiche gerecht auf.

- **Neue Gesellschafter:** Irgendwann möchten Sie das Unternehmen vielleicht durch Investitionen und weitere Gesellschafter erweitern. Legen Sie schon zu Beginn eine Vorgehensweise fest, so dass alle Gesellschafter potentielle Wachstumsentscheidungen mittragen.

- **Ausscheiden eines Gesellschafters:** Versuchen Sie, für den Fall, dass ein Gesellschafter das Unternehmen verlassen möchte, eine akzeptable Strategie dazu zu vereinbaren, wie Sie ihn auszahlen werden. Das wird das Risiko späterer Unstimmigkeiten verhindern.

- **Behebung von Konflikten:** Statt direkt vor Gericht zu ziehen, wenn Sie und Ihre Gesellschafter ein Problem absolut nicht lösen können, sollten Sie gleich zu Anfang eine alternative Beilegung von Rechtsstreitigkeiten vereinbaren. Hierzu zählt beispielsweise das Schlichtungsverfahren (Mediation).

Wenn Sie sich von Anfang an mit diesen Fragen auseinandersetzen, ist garantiert, dass alle Gesellschafter wissen, was von ihnen erwartet wird und ihre Zustimmung zu den Lösungsstrategien für etwaige Auseinandersetzungen vorliegt. Es ist dringend zu empfehlen, den Gesellschaftsvertrag mit einem Rechtsanwalt auf Herz und Nieren zu prüfen.

# Fallbeispiel: Ed Hardy

In Avignon in Südfrankreich geboren, zog es Christian Audigier zum Lifestyle des Rock 'n' Roll. Mit der Mode fand er dann eine Möglichkeit, seine Vision in die Welt hinauszutragen. Die Modelinie Ed Hardy führte er im Januar 2006 auf dem Markt ein, eine Kollektion, die ihre Inspiration aus der amerikanischen Jugendkultur, dem Vintage-Stil, dem Glamour Hollywoods und der Motorrad- und Tattookultur zieht – vor allem aus dem künstlerischen Werk des „Tattoogottes" Don Ed Hardy.

Mit 19 wurde Christian von der Fachzeitschrift Sportswear International zum „King of Jeans" ausgerufen – wegen seines kreativen Designs, seiner tollen Partys und seines brillanten Pariser Jeansmuseums, mit dem er einigen seiner Lieblingsstars seine Ehrerbietung erwies, darunter auch Elvis und Steve McQueen. Bereits in sehr jungen Jahren ging er in die USA, machte sich mit einer eigenen Unternehmensberatung selbstständig und arbeitete unter anderem mit Levi's, Diesel, American Eagle Outfitters, NafNaf und Lee. Doch erst als er sich mit dem Modeunternehmen Von Dutch zusammentat und der relativ unbekannten Marke den Rang einer globalen Marke verlieh, erlangte er internationale Anerkennung.

Nach seinem Erfolg mit Von Dutch suchte er nach einer neuen Herausforderung. „Ich sah all diese tätowierten Leute auf den Straßen Kaliforniens und dachte ‚Warum nicht ein T-Shirt mit Tattoos?'". Also begann er, sich mit Tattookünstlern zu befassen, und stieß immer wieder auf den Namen Don Ed Hardy. „Ich wusste noch nicht mal genau, ob er überhaupt noch lebte. Ich nahm Kontakt zu ihm auf, er rief zurück und das ist also dabei herausgekommen."

Christian überzeugte Don Ed Hardy, ihm die Exklusivrechte an seinen älteren Tattoodesigns zur Verwendung für eine Modelinie zuzusichern, die weltweit vertrieben werden würde, und sie auch mit seinem Namen bewerben zu dürfen. Er erwarb Hardys gesamtes Archiv, so dass er etwas völlig Neues schaffen konnte. Nachdem er bei Von Dutch mit seiner Strategie erfolgreich gewesen war, machte sich Christian daran, eine globale Marke zu entwickeln.

Das raffinierte Design der T-Shirts, Jeans und Accessoires spiegelt Christians eigenen schnellen Lifestyle und seine Passion für Farben wider. Die Marke entwickelte sich weiter, indem er einen Vertrag zur Herstellung eines Ed-Hardy-Motorrads unterschrieb, den als Sammelobjekt geeigneten Ed-Hardy-Energydrink produzierte und seine eigenen Läden eröffnete. Fortwährend sucht er nach Möglichkeiten, die unter dem Namen Ed Hardy angebotene Produktpalette zu erweitern, mit der Begründung, die Marke sei mehr als nur eine Marke – „Sie ist ein Lifestyle. Und die Leute wollen dazugehören."

Christian ist schon immer sehr charismatisch und farbenfroh an Mode herangegangen und bedient sich mit Erfolg einer überschwänglichen Werbestrategie. Zwar haben die Produkte maßgeblich zum Erfolg jeder der von ihm entwickelten Marken beigetragen, doch nach Christians Überzeugung war ausschlaggebend, dass es ihm gelang, die richtigen Leute und vor allem die richtigen Celebrities dazu zu bringen, die Marken zu tragen.

Während seiner Zeit bei Von Dutch zählte Britney Spears zu Christians ersten Celebrity-Kundinnen. „Ich habe ihr ein Basecap aufgesetzt und Justin Timberlake auch eins. Damals hatten Sie sich gerade getrennt. Sie waren weltweit in allen Zeitschriften mit dem Von-Dutch-Basecap zu sehen. So kann ein Phänomen seinen Anfang nehmen." Mit harter Arbeit hat er es inzwischen zu einer der wahrscheinlich besten Celebrity-Kundenkarteien der Modeindustrie gebracht – dazu gehören unter anderem Jessica Alba, Mariah Carey, Mickey Rourke, Paris Hilton, Snoop Dogg, Chris Brown, Usher, Marilyn Manson, Madonna, Shakira, Ciara, Heidi Klum und Jamie Foxx.

Christian sagt, „Man muss das Produkt vermarkten!", wobei das Wichtigste ist, das Produkt von den richtigen Leuten tragen zu lassen. „Ich folge den gleichen Regeln wie bisher auch – kümmere mich um meine Freunde und Celebrities, schicke ihnen Sachen und lade sie zu mir ein." Ihm ist bewusst, dass die Paparazzi seiner Marke enorm viel Publicity verschaffen und die Entgleisungen der Stars, über die sie berichten, häufig dem Image des Rock-‚n'-Roll-Lifestyle der Marke Ed Hardy in die Hände spielen. „Die Auseinandersetzungen, Schwangerschaften, Alkohol- oder Drogenexzesse der Leute sind plötzlich auf CNN zu sehen. Das ist gute Werbung für mich. Klatsch und Internet sind heutzutage einfach wichtig."

Christian hat darüber hinaus die Modelinien Christian Audigier und SMET auf dem Markt eingeführt. Alle drei werden weltweit durch ein Vertriebsnetzwerk in über 40 Ländern und von mehr als 20 Ed Hardy und Christian Audigier Vertragshändlern außerhalb der USA verkauft. Der Verkaufserlös von Audigiers Unternehmen wuchs von 10 Mio. US$ im Jahr 2005 auf über 35 Mio. US$ im Jahr 2006 und über 80 Mio. US$ im Jahr 2007.

Christian Audigier erwarb die Rechte an den Werken des Tattookünstlers Ed Hardy, versah anfangs T-Shirts und Basecaps damit und erweiterte die Marke dann um verschiedene andere Produktkategorien.

*Kapitel 4: Der Name – nur Schall und Rauch?*

*A*m Anfang einer großen Marke steht ein großer Name. Der beste Name für ein kleines Unternehmen ist einer, den sich Kunden leicht merken können und den sie leicht mit dem Unternehmen in Verbindung bringen. Deshalb bevorzugen viele Kleinunternehmen Wörter, die geschickt auf Charakteristika der Marke hinweisen, ohne diese explizit zu benennen. Die Namen können Sie auch als Marke schützen lassen. In der Modeindustrie ist es besonders wichtig, den richtigen Namen und das passende Logo auszuwählen, da sie einen wesentlichen Beitrag zu Ihrem Markenprofil leisten. Deshalb widmet sich dieses Kapitel der Namenswahl für Ihr Label.

## Wo anfangen?

Ihr Firmenname ist aus mehreren Gründen von Bedeutung:

- Oft ist Ihr Name das Erste, womit Ihre Kunden in Kontakt kommen.
- Er ist Ihr sichtbarstes Kennzeichen.
- Er wird Grundstein all Ihrer Werbematerialien sein, vom Schaufenster über Tragetüten und Hängeetiketten bis hin zu Lookbooks.
- Er gibt Auskunft über die Persönlichkeit Ihres Unternehmens, Sie möchten also, dass er sich abhebt und Ihre Kunden ihn sich gut merken können.

Ganz am Anfang steht der Blick zu den Mitbewerbern um herauszufinden, ob irgendwelche Trends festzustellen sind, die berücksichtigt werden sollten. Unter Luxusdesignern des High-End-Segments ist es weit verbreitet, das Unternehmen nach sich selbst zu benennen, da das Hauptaugenmerk hinter dem Label auf ihnen liegt. Denken Sie z.B. an Marc Jacobs, John Galliano oder Alexander McQueen. Immer wenn man ein Stück dieser Kollektionen erwirbt, erwirbt man auch ein Stück Kreativität des Designers, und der Name steht für diesen Mehrwert. Einen Gegensatz dazu bilden Einzelhandelsketten wie Gap, French Connection, Diesel, Miss Sixty. Sie verraten uns zwar wenig über die Designer hinter der Marke, aber durch wirksame Marketing- und Werbekampagnen spiegeln sie die Art des Produkts und die Markenpersönlichkeit wider und so erinnern wir uns auch an sie leicht.

Die besten Namen sind oft die, in denen sich die Persönlichkeit des Unternehmens und der dahinterstehenden Menschen spiegelt – selbst wenn sie nicht direkt auf das Betätigungsfeld des Unternehmens Bezug nehmen. Sie müssen deshalb herausfinden, welches Image Sie Ihrem Unternehmen oder Produkt gern verleihen würden – soll es beispielsweise exklusiv, leicht zugänglich, feminin, maskulin, sportlich oder ausgefallen sein?

*Stand von Ed Hardy auf der Modemesse Bread & Butter*

- Möchten Sie, dass der Name erahnen lässt, was Ihr Label produziert – zum Beispiel Kleidung, Accessoires oder Schmuck? Oder würde etwas Abstrakteres besser passen?

- Wollen Sie Ihren eigenen Namen verwenden und so Ihre eigene Persönlichkeit und Ihr Image untrennbar auf das Unternehmen übertragen? Hierbei ist zu berücksichtigen, dass Sie im Falle einer Übernahme des Unternehmens durch Investoren keinerlei Kontrolle mehr über die Verwendung Ihres eigenen Namens auf dem Markt hätten (so geschehen bei Roland Mouret, Jimmy Choo und Jil Sander).

- Wünschen Sie sich einen traditionell klingenden Namen, in dem Beständigkeit und althergebrachte Werte mitschwingen, oder eher einen modernen, der einen neuen, innovativen Ansatz verspricht?

- Denken Sie an die Zukunft – vermeiden Sie Wörter, die wahrscheinlich schnell veralten.

- Sollten Sie Geschäfte mit dem Ausland in Betracht ziehen, achten Sie darauf, dass der Name nicht eine unpassende Bedeutung in einer der Sprachen Ihrer Zielgruppen besitzt.

- Denken Sie an Anrufer und Kunden – vermeiden Sie sehr lange Namen, ungewöhnliche Formulierungen und Schreibungen sowie schwer auszusprechende Namen.

- Versuchen Sie, den Namen so prägnant zu gestalten, dass man ihn sich sofort merken kann, sich leicht an ihn erinnert und er zu Ihrem Produkt passt.

Nun ist es an der Zeit, Ideen zu sammeln.

---

**AUFGABE** 15 MINUTEN

*Stellen Sie einen Wecker auf 15 Minuten. Schreiben Sie jeden Namen auf, der Ihnen einfällt, so lächerlich er auch klingen mag, bis der Wecker klingelt. Machen Sie eine Pause und beschäftigen Sie sich mit etwas anderem. Wiederholen Sie diese Brainstormingübung über einen Zeitraum von mehreren Tagen verteilt mehrmals. Je öfter, umso mehr Wörter werden Ihnen einfallen.*

*Wenn Sie das Brainstorming abgeschlossen haben, arbeiten Sie an Ihrer Liste. Streichen Sie alle Namen, die Ihrer Meinung nach nicht zur angestrebten Art des Produkts und dem Unternehmen passen. Nachdem Sie die Auswahl eingeengt haben, drucken Sie jeden Namen in einer Größe von etwa 5 cm in einer einfachen Schriftart in Druckbuchstaben auf ein separates Blatt Papier. Lassen Sie sich eine Weile auf die Namen ein und testen Sie sie an Leuten, die Ihre zukünftigen Kunden sein könnten – fragen Sie, welches Produkt sie hinter dem Namen vermuten würden. Achten Sie darauf, Ihnen keine Auswahl anzubieten – sie sollen aus dem Bauch heraus antworten. Wenn Ihre anfängliche Auswahl nicht gut ankommt, versuchen Sie nicht, sie mit Geschichten und Theorien zu den Namen zu überzeugen – die spielen für den Kunden schließlich auch keine Rolle.*

*Der Name, den Sie Ihrem Modelabel geben, ist ausgesprochen wichtig und wird auf den verschiedensten Werbeträgern erscheinen, auch auf Tragetaschen. Lassen Sie sich Zeit, um den richtigen Namen zu finden.*

### Machen Sie die Netzkontrolle

Wenn Sie sich für einen passenden Namen entschieden haben, prüfen Sie die Domainverfügbarkeit. Sie werden mit großer Wahrscheinlichkeit eine Website und E-Mail-Adresse mit dem Namen Ihres Unternehmens benötigen, prüfen Sie also, ob Ihre Wunschdomain verfügbar ist. Sollte dies nicht der Fall sein, geben Sie nicht auf – vielleicht können Sie eine abgewandelte Variante benutzen? Auch registrieren nicht wenige Leute Domainnamen in der Hoffnung, sie später gewinnbringend zu verkaufen, es besteht also eventuell noch die Möglichkeit, auf diesem Wege an Ihre Wunschdomain zu kommen. Beim Registrieren Ihrer Domain sollten Sie gleich verschiedene Endungen anmelden, z.B. .de, .com, .org, .net. Das empfiehlt sich aus zwei Gründen: Einerseits werden Leute auf der Suche nach Ihrer Website alle möglichen Varianten eingeben und landen dennoch auf Ihrer Seite, wenn Sie alle anderen Endungen darauf umleiten. Andererseits verhindern Sie so die Registrierung einer ähnlichen Internetadresse durch andere.

**AUFGABE** 5 BIS 10 MINUTEN

#### Prüfen Sie die Domainverfügbarkeit

*Prüfen Sie im Internet (z.B. unter www.register.com oder http://www.denic.de/de), ob Ihre Wunschdomain verfügbar ist. Wenn sie bereits vergeben ist – und das ist gar nicht so unwahrscheinlich – prüfen Sie, ob vielleicht Abwandlungen davon frei sind. Wenn das der Fall ist und Sie sicher sind, dass das der Name ist, den Sie möchten, dann registrieren Sie ihn.*

## Regeln für die Namenswahl

Es gibt Regeln, die Sie bei der Namenswahl für Ihr Unternehmen einhalten müssen. So darf die Bezeichnung nicht gegen die guten Sitten im Wettbewerb verstoßen.

Entscheidend ist außerdem, welche Rechtsform Ihr Unternehmen hat und ob es im Handelsregister eingetragen ist.

Neben dem offiziellen Unternehmensnamen dürfen als Zusatz auch Branchenbezeichnungen und Tätigkeitsangaben hinzugefügt werden. Zulässig sind auch Phantasie- oder Etablissementbezeichnungen. Der Namenszusatz darf allerdings nicht irreführend sein. So darf beispielsweise nicht der Eindruck entstehen, dass Ihr Unternehmen im Handelsregister eingetragen ist, wenn dies nicht der Fall ist.

Sie dürfen für Ihren Betrieb nicht den Namenszusatz eines anderen branchengleichen Unternehmens nutzen. In solchen Fällen drohen Unterlassungs- und Schadenersatzklagen, wie unter Umständen auch schon bei Verwendung eines ähnlichen Namens. Um Namensdopplungen auszuschließen, empfiehlt es sich, vor der Entscheidung für einen Namenszusatz mit der IHK Verbindung aufzunehmen und im Internet und Branchenbuch zu recherchieren. Auf Nummer sicher geht, wer die Recherche einem darauf spezialisierten Rechtsanwalt überlässt.

*Die Namensgebung war für Knomo schwierig. Benoit Rescue erklärt: „Wir überlegten, was die Marke ausmachen würde, und wollten gleichzeitig etwas Originelles für die funktionsorientierte Accessoire-Marke. Knomo, eine Kombination aus „Knowledge" (Wissen) und „Mobility" (Mobilität) schien uns geeignet, obwohl der Name recht ungewöhnlich war: doch gerade dadurch schienen sich die Leute umso besser an uns erinnern zu können!"*

Auch Freiberuflern sind Zusätze wie Branchenbezeichnungen und Phantasienamen unter den obengenannten Bedingungen erlaubt. Die Freiberuflern vorbehaltene Rechtsform der Partnerschaftsgesellschaft (PartG) darf als einzige Rechtsform den Zusatz „und Partner", „Partnerschaft" oder „Partners" im Namen führen.

Für eine GbR dürfen neben den Namen auch Branchenbezeichnungen, Etablissement- oder Geschäftsbezeichnungen und sogar Phantasiebezeichnungen verwendet werden.

Da das Handelsregister bereits wichtige Informationen über die Firma enthält, haben Sie bei der Unternehmensbezeichnung weitestgehend freie Wahl: Sie können eine Personen-, Sach- oder Phantasiebezeichnung wählen. Auch eine Kombination ist möglich.

Der Name darf keinerlei Angaben enthalten, die geeignet sind, über relevante geschäftliche Verhältnisse irrezuführen. Außerdem muss die Firma sich in ihrer Bezeichnung von allen an demselben Ort oder in derselben Gemeinde bereits bestehenden und in das Handelsregister oder das Genossenschaftsregister eingetragenen Firmen unterscheiden.

Genannt werden muss in jedem Fall die Rechtsform, um die Haftungsverhältnisse deutlich zu machen, z.B. GmbH, OHG, KG, AG oder auch GmbH & Co.KG.

Die Firma muss bei Einzelkaufleuten die Bezeichnung „eingetragener Kaufmann", „eingetragene Kauffrau" oder eine allgemeinverständliche Abkürzung dieser Bezeichnung, insbesondere „e.K.", „e.Kfm." oder „e.Kfr." enthalten.

## Unternehmensnamen schützen

Unternehmen, die im Handelsregister eingetragen sind, genießen dadurch einen gewissen Schutz ihres Namens in ihrem Handelsregisterbezirk. Außerdem wird der Name eines jeden Unternehmens, also unabhängig von einer Eintragung im Handelsregister, mit dem tatsächlichen Beginn der Benutzung geschützt. Dieser Schutz erstreckt sich jedoch nur auf den Raum, in dem man das jeweilige Unternehmen kennt und in dem noch mit seiner werbenden Tätigkeit zu rechnen ist.

Ein intensiverer Schutz des Namenszusatzes Ihres Unternehmens ist durch eine Markeneintragung beim Deutschen Patent- und Markenamt (www.dpma.de/) in München möglich, wofür Sie ca. 10–12 Monate einkalkulieren müssen. Vorteil einer Marke ist, dass sie nicht nur Schutz in dem Gebiet ihrer tatsächlichen Nutzung genießt, sondern innerhalb des gesamten Gebiets ihrer Anmeldung. Das kann für ein Unternehmen von Interesse sein, wenn es sein Tätigkeitsgebiet nach und nach ausweitet.

Die Kosten einer solchen Markenanmeldung hängen von der Anzahl der angemeldeten Waren- und Dienstleistungsklassen ab:

- bei elektronischer Anmeldung 290 €
- bei Anmeldung in Papierform (inkl. der Klassengebühr in bis zu 3 Klassen) 300 €
- Klassengebühr bei Anmeldung einer Marke für jede Klasse ab der 4. Klasse 100 €
- Anmeldegebühr bei Kollektivmarken (inkl. der Klassengebühr in bis zu 3 Klassen) 900 €
- Klassengebühr bei Anmeldung einer Kollektivmarke für jede Klasse ab der 4. Klasse 150 €
- Antrag auf beschleunigte Prüfung 200 €

Nach 10 Jahren endet die Schutzdauer und die Marke wird aus dem Register gelöscht. Eine Verlängerung der Eintragung um weitere 10 Jahre ist jedoch möglich. Sie kostet momentan 750 € pro Marke plus 260 € pro Klasse ab der vierten.

Informieren Sie sich über EU-weite Schutzmöglichkeiten beim Harmonisierungsamt für den Binnenmarkt HABM (http://oami.europa.eu).

## Das Ergebnis

Sie wissen, dass Ihnen die Namenswahl geglückt ist, wenn ein Kunde Ihr Produkt betrachtet, den Namen hört und daraufhin sagt „Ja, klar". Sie müssen Ihre Kunden dazu bringen, dass sie möglichst schnell die Verbindung zu Ihrem Markenimage herstellen. Wenn sie, sobald sie Ihr Produkt, Ihren Namen und Ihr Logo sehen, die Geschichte hinter der Marke verstehen und auch den Lifestyle assoziieren, für den sie steht, dann sind Sie auf der Erfolgsleiter einen ganzen Schritt vorangekommen.

Auffällige, einprägsame und positive Namen tragen viel zur Werbung für Ihr Unternehmen oder Produkt bei, also scheuen Sie weder Zeit noch Mühe, um einen herausragenden zu finden. Schließlich ist es fast so wie mit den Namen Ihrer Kinder. Es ist etwas, das Sie für immer begleiten wird.

**Nächste Seite**
*Logos leisten einen enormen Beitrag zur Entwicklung der Markenästhetik und Aufrechterhaltung des Images*

*Ein schlichtes Logo ist häufig die Lösung für Designprodukte im High-End-Segment.*

## Logos in der Modebranche

Wenn der Anteil eines Logos am Gesamterfolg eines Modeunternehmens auch schwer messbar sein mag, so ist das richtige Logo doch von großer Bedeutung für die Schaffung und Aufrechterhaltung eines Markenimages, das wiederum einen Hauptbeitrag zum Erfolg und zur Rentabilität eines Unternehmens leistet. Ein gutes Logo sollte dem potentiellen Kunden einen allgemeinen Eindruck von den Produkten und Dienstleistungen der Marke und in gewissem Maße auch Anspruch, Beständigkeit und Authentizität vermitteln.

Als neues Modelabel müssen Sie um Aufmerksamkeit ringen, Sie sind also gezwungen, einerseits die Blicke Ihrer angehenden Kunden auf sich zu ziehen und doch gleichzeitig nicht zu bemüht zu wirken – oder, schlimmer noch, zu wirken, als bemühten Sie sich erst gar nicht. Es ist von äußerster Wichtigkeit, das Publikum im Hinterkopf zu haben, Pläne für die Zukunft zu machen und es möglichst einfach zu halten. Das Geheimnis eines preiswerten, aber wirksamen Logos ist Schlichtheit. Ihr Logo ist Teil Ihrer Marketingstrategie – worum es geht, ist Kommunikation, nicht reine Kunst.

Denken Sie daran: Ihr Image entspricht der tatsächlichen Wahrnehmung Ihrer Produkte und Marke durch die Leute, nicht Ihrer Wunschvorstellung von deren Wahrnehmung.

### Symbole

Symbole sind ein wichtiger Bestandteil eines Modelogos, und das verwendete Symbol sollte ganz klar den Stil der Marke transportieren. Deshalb verwenden viele Modelabels einfach das Firmenzeichen oder die Initialen als Symbole für ihre Logos, so z. B. Ralph Lauren, Louis Vuitton, Fred Perry und Adidas.

### Schriftart

Die Wahl der richtigen Schriftart ist essentiell. Viele Labels entscheiden sich dafür, ihre Marke nur durch ihren Namen darzustellen. Es ist die Schriftart, die in Richtung Design deutet, für Unverwechselbarkeit sorgt und Ihrem Logo etwas Einmaliges verleiht. Wie schon bei der Namensfindung sollten Sie auch jetzt entscheiden, welche Wahrnehmung Ihrer Marke Sie sich vom Kunden wünschen.

### Farbe

Logos in der Modebranche sind häufig in starken Farben wie Rot, Schwarz, Weiß oder Gold gehalten. Sie können zwar jede beliebige Farbe verwenden, doch es ist wichtig, die Hintergrundfarbe des Logos sorgfältig abzuwägen. Intensive Farben wirken in der Regel positiv.

---

***AUFGABE*** 10 MINUTEN

*Tippen Sie den Namen, den Sie sich für Ihr Label vorstellen könnten, in einer beliebigen Schriftart im Schriftgrad 20 pt ein. Kopieren Sie den Namen, fügen Sie ihn 100 Mal auf der Seite ein und weisen Sie dann jeder Zeile eine andere Schriftart zu. Verwerfen Sie all die, die Ihnen für das angestrebte Markenimage ungeeignet erscheinen. Heften Sie alle Übrigen an die Wand, um genauer darüber nachzudenken.*

---

Die Entwicklung Ihres Images ist etwas sehr Subjektives. Wahrscheinlich werden Sie erst, wenn die Visitenkarten gedruckt, die Rückenetiketten eingenäht und die Hängeetiketten angebracht sind, feststellen, dass manche Leute es mögen, während andere es nicht ausstehen können. In diesem Moment werden Sie herausfinden, ob es wirkt – oder auch nicht.

*Wichtig:*

*Ihr Logo ist kreative Ausdrucksform Ihrer Markenidentität und eines der stärksten Marketinginstrumente, um dem Kunden das Ethos Ihrer Marke kundzutun.*

## Entwicklung eines Logos

**Malcolm Crews** – Grafikdesigner/Artistic Director, New York

**Bevor Sie Ihr Logo entwickeln, müssen Sie festlegen:**
1. was Ihr Produkt ist. Freizeitkleidung, Kleider, Sportbekleidung, Accessoires? Für Damen, Herren, Damen und Herren, Kinder?
2. wer Ihr Kunde ist. Schaffen Sie sich ein Bild von Ihrem Idealkunden, der symbolisiert, „wen" die Marke darstellt.
3. in welchem Preissegment Sie sich bewegen wollen. High End? Mittleres Preissegment? Massenmarkt?
4. einen Standpunkt. Vertreten Sie als Label einen Standpunkt und bleiben Sie auch dabei.
5. einen Markennamen, der Ihre Geschichte am besten erzählt. (Der Name eines Designers ist nicht immer die optimale Wahl für einen Markennamen.)

Sobald Sie diese Entscheidungen gefällt haben, können Sie mit der Entwicklung des Logos beginnen. Das Logodesign stellt für Kunden eine Orientierungshilfe dar, da sie das Produkt anfangs vielleicht gar nicht zu Gesicht bekommen. Schriftart, Farbe und Symbol können eine Geschichte erzählen.

**Bei der Logoentwicklung zu berücksichtigende Aspekte:**
- Soll mein Logo aus Bild- und Schriftzeichen bestehen? Suchen Sie sich einen guten Grafikdesigner oder Art Director, der Ihnen bei der Entwicklung Ihres Logos behilflich ist. Stellen Sie ihm so viele Informationen und Hinweise wie möglich zur Verfügung. Es kann wirklich sinnvoll sein, die Meinung eines Außenstehenden zu Ihren Vorstellungen einzuholen. Es passiert schnell, dass der nötige Abstand fehlt.
- Möchte ich ein Symbol für mein Logo, das auch unabhängig von den Schriftzeichen verwendet werden kann?
- Möchte ich vielleicht eine reine Wortmarke?

**Lesbarkeit**
- Ihr Logo sollte im Idealfall zeitlos sein.
- Wollen Sie ein modernes Logo, ein klassisches oder eines im Retrostil?
- Schon allein durch die Entscheidung für eine Schrift mit oder eine ohne Serifen kann eine Marke leicht eine Geschichte erzählen und den Betrachter dazu bringen, bestimmte Modestile zu assoziieren. Während serifenlose Schriftarten

Beispiele für Schriftarten

im Allgemeinen „modern, sauber, dynamisch" wirken, wurden beispielsweise für die ersten Zeitungen und Werbezettel Serifenschriften verwendet.

**Bevor Sie sich endgültig für ein Logo entscheiden, prüfen Sie, ob es:**
- ✖ das Markenimage und die Ausrichtung der Marke transportiert
- ✖ verständlich und lesbar ist
- ✖ zeitlos ist
- ✖ sich in verschiedenen Formen verwenden lässt: in gedruckter Form, als Stickerei, positiv/negativ. Ist es in verschiedenen Größen gut erkennbar?

**Erstellen Sie einen Leitfaden für Ihre Logostandards**
Unabhängig davon, wie schlicht oder komplex Ihr Logo ist, ist ein Leitfaden zur Einhaltung bestimmter Standards wichtig für ein einheitliches Erscheinungsbild Ihres Unternehmens, wenn es zu wachsen beginnt und Sie mit externen Lieferanten zu tun haben.

```
Beispiele für Logostandards
```

- ✖ Die Logofarbe soll immer schwarz oder fast schwarz sein.
- ✖ Das Logo soll auf Schildern und Verpackungen nie kleiner als 1,2 cm sein.
- ✖ Bei Verwendung des Logos für Werbezwecke erscheint es immer unten rechts, der Abstand zu den Rändern beträgt jeweils 1,2 cm.
- ✖ Das Logo soll auf einem Kleidungsstück nie von außen sichtbar sein, Ausnahmen bilden Hängeetiketten und andere Marketingmittel.
- ✖ Die begleitende Schrift soll immer die Helvetica Bold sein, höchstens halb so groß und mindestens ein Achtel so groß wie das Logo selbst.

font: Helvetica Inserat Roman

Kapitel 5: Von zu Hause aus arbeiten oder ein Atelier eröffnen?

*Ein guter und zweckmäßiger Arbeitsplatz ist notwendig für den Erfolg. Zwar fangen viele aufstrebende Designer aus praktischen und finanziellen Gründen mit einem Arbeitsplatz im Schlafzimmer an, doch es gibt gewisse Anforderungen, denen dieser genügen muss. Dieses Kapitel befasst sich mit dem Für und Wider eines häuslichen Arbeitszimmers im Vergleich zum kostspieligeren Atelier und zeigt auf, wie Ihre Arbeitsumgebung von Einkäufern und der Presse wahrgenommen wird.*

## *Der häusliche Arbeitsplatz*

Während der Gründungsphase ist es für die finanzielle Stabilität Ihres Unternehmens wichtig, die Kosten so gering wie möglich zu halten. Das Unternehmen von zu Hause aus zu betreiben, kann viel dazu beitragen, Geld zu sparen. Sie müssen jedoch Vor- und Nachteile abwägen, um sicherzugehen, dass das nicht langfristig das Ende Ihres Unternehmens nach sich zieht.

### *Pro und Contra*

==============================================

**Pro**
*Sie müssen nicht pendeln, sparen Miete, können im Schlafanzug telefonieren, um 8:30 Uhr aufstehen und trotzdem um 9:00 Uhr mit der Arbeit beginnen.*

**Contra**
*Das Büro kann schnell in Ihren Wohnbereich ausufern, es kann schwer sein, abends und an Wochenenden abzuschalten, es droht Ablenkung durch Mitbewohner.*

==============================================

### Verfügen Sie über die richtigen Räumlichkeiten?
Wenn Sie zu Hause einen Platz haben, an dem Sie arbeiten könnten, gilt es herauszufinden, ob er für Ihre Zwecke geeignet ist.

### Ermitteln Sie Ihren Platzbedarf
Ihr Platzbedarf hängt von der Art des gegründeten Modeunternehmens ab. Wenn Sie den Zuschnitt selbst übernehmen und Musterteile für Ihre Produkte selbst anfertigen, werden Sie viel ebene Arbeitsfläche benötigen. Vertreiben Sie Ihre Produkte direkt über Ihre Website, brauchen Sie genug Stauraum zum Lagern, ohne dabei den restlichen Haushalt zu sehr zu beeinträchtigen. Wenn Sie hingegen alles auslagern, wird ein Schreibtisch mit Grundausstattung genügen.

### Sorgen Sie für einen festen Arbeitsplatz
Sie sollten versuchen, einen permanenten Arbeitsplatz für Ihr Unternehmen festzulegen. Im Idealfall sollte es sich um einen ganzen Raum und nicht nur um eine Ecke innerhalb eines Raums handeln. Ein separater Raum verringert die Gefahr, abgelenkt zu werden. Es sollte Ihnen möglich sein, Ihre berufliche Tätigkeit von Ihrem Privatleben möglichst klar zu trennen und wenn nötig einfach die Tür zum Privaten bzw. Beruflichen zu schließen.

*Designer bei der Arbeit*

### Bleiben Sie flexibel
Bietet der gewählte Ort Ihnen die Flexibilität, die Sie brauchen? In manchen Fällen wird ein Atelier, ein Ausstellungs- und Verkaufsraum, ein Lagerhaus oder eine Vertriebszentrale notwendig sein. Je mehr Möglichkeiten Sie haben, umzuräumen und den Raum der jeweiligen Tätigkeit anzupassen, umso besser. Wenn Sie sich für einen bestimmten häuslichen Arbeitsplatz entschieden haben, dann messen Sie ihn auf, damit Sie wissen, wie viel Platz genau Ihnen zur Verfügung steht. Fertigen Sie eine Skizze des Raumes an und zeichnen Sie ein, wo Möbel und andere Gegenstände stehen sollen.

### Sorgen Sie für die richtige Beleuchtung
Um ein eigenes Modelabel zu betreiben, müssen Sie ein hohes Maß an Energie und Enthusiasmus aufbringen. Es gibt wohl kaum etwas, das Ihnen mehr davon raubt als ein schlecht beleuchteter Arbeitsplatz. Schlechte Beleuchtung kann zu Kopfschmerzen und Ermüdungserscheinungen führen und die Augen belasten. Wählen Sie einen Ort mit Fenstern, um für etwas Tageslicht zu sorgen – Sie werden gute Lichtverhältnisse benötigen, um die Farbpaletten für Ihre Kollektionen auszusuchen. Die Augenbelastung lässt sich reduzieren, indem man die Wand hinter dem Computerbildschirm anleuchtet, und eine gute, verstellbare Schreibtischlampe kann in verschiedensten Situationen zur Beleuchtung dienen.

### Hinterlassen Sie einen guten ersten Eindruck
Ihr Arbeitsplatz sagt sehr viel über Sie und Ihr Unternehmen aus. Potentielle Kunden zunächst über Ihr gesamtes Grundstück oder durch die gesamte Wohnung führen zu müssen, ist nicht gerade ideal, versuchen Sie also, Ihr Büro auf einen leicht zu erreichenden Bereich in der Nähe des Eingangs zu beschränken. Sollte Ihr Arbeitsplatz den falschen Eindruck vermitteln, versuchen Sie, möglichst viele Termine außer Haus abzuwickeln, und mieten Sie bei Bedarf externe Besprechungs- oder Ausstellungsräume an.

## Optimale Raumnutzung
Holen Sie alles aus Ihrem Arbeitsplatz heraus.

### Gehen Sie logisch vor
Versuchen Sie, einen Arbeitsplatz zu schaffen, der möglichst hohe Effizienz und möglichst sinnvolle Arbeitsabläufe gewährleistet. Sie sollten wissen, wo sich alles befindet, und die wichtigsten Geräte wie Telefone, Computer und Nähmaschinen in Ihrem Hauptarbeitsbereich unterbringen.

### Halten Sie Ordnung
Sie werden mehrmals am Tag zwischen verschiedenen Arbeitsabläufen hin- und herspringen müssen, halten Sie also Ordnung an Ihrem Arbeitsplatz. Sie sollten immer in der Lage sein, alles auf Anhieb zu finden. Beschriftungen können hierbei behilflich sein. Hinterlassen Sie den Platz am Ende eines jeden Tages so, dass Sie am nächsten Tag direkt mit der Arbeit beginnen können.

### Denken Sie an Stauraum
Denken Sie gründlich über Ihren Stauraumbedarf nach. Büroartikel und Ordner lassen sich sinnvoll in Wandregalen verstauen, wodurch der Fußboden frei bleibt. Sie werden auch Schübe für dekorative Elemente, Knöpfe und Verschlüsse benötigen sowie Kleiderständer für Ihre Muster.

*Sorgen Sie für einen festen Arbeitsplatz, an dem Sie sowohl kreativ als auch produktiv sein können. Ihre Umgebung sollte inspirierend wirken.*

### *Denken Sie multifunktional*
Sollte es Ihnen an Platz mangeln, kaufen Sie Mehrzweckmöbel und -geräte. Beispiele hierfür sind ein Multifunktionsgerät (Drucker, Scanner, Kopierer in einem) und ein Schrank, der gleichzeitig Stauraum und Arbeitsfläche bietet. Praktisch sind auch Möbel, die man aus dem Weg rollen kann.

### *Reduzieren Sie Ablenkung*
Verbannen Sie alles Unnötige von Ihrem Arbeitsplatz. Dazu gehören auch Dinge, die Sie ziemlich wahrscheinlich ablenken (wie Fernseher) und vom produktiven Arbeiten abhalten werden. Da Sie aber im Kreativbereich tätig sind, sollten Sie sich nicht alles versagen, was Kreativität sprießen lässt.

### Tipps für die Praxis
Es sind bestimmte Dinge bei der Nutzung eines Arbeitszimmers zu berücksichtigen.

### *Rechtliche Aspekte und Versicherung*
Sie sind verpflichtet, Ihren Vermieter darüber zu informieren, dass Sie beabsichtigen, von zu Hause aus zu arbeiten, da dadurch unter Umständen eine Mischnutzung (Wohnung/Gewerberäume) und eine genehmigungspflichtige Nutzungsänderung vorliegt. Prüfen Sie Ihre Versicherungen. Wenn Sie Kunden empfangen wollen, sollten Sie sich zusätzlich absichern. Mit folgenden Standardversicherungen sollten Sie sich bei einem häuslichen Arbeitsplatz absichern:
- Betriebsinhaltsversicherung
- Berufshaftpflicht- und erweiterte Produkthaftpflichtversicherung
- Rechtsschutzversicherung
- Betriebsunterbrechungsversicherung

Darüber hinaus können Sie die folgenden Versicherungen in Erwägung ziehen:
- ✖ Immobilienversicherung – für Hausbesitzer zur Absicherung gegen Feuer, Leitungswasser, Sturm etc.
- ✖ Private Haftpflichtversicherung
- ✖ Hausratversicherung
- ✖ Elektronikversicherung – schützt bei Verlust und Beschädigung moderner Kommunikationsmittel
- ✖ Spezielle Computerversicherungen – Mehrkostenversicherung bei Ausfall der EDV, Datenträgerversicherung

Es lohnt sich auch, alle besonders teuren Geräte oder Produkte zu versichern. Unter Umständen ist dies über Ihre Hausratversicherung möglich. Auch wenn Sie zahlreiche teure Geräte oder Artikel lagern, möchten Sie vielleicht erhöhte Sicherheitsmaßnahmen in die Wege leiten. Je mehr Policen Sie beim selben Versicherungsunternehmen abschließen, umso niedriger werden die monatlichen Prämien ausfallen.

### *Arbeitsschutz*

Sie sind gesetzlich verpflichtet, Ihre eigene Sicherheit sowie die Ihrer Mitarbeiter und Besucher zu gewährleisten. Erkundigen Sie sich über die gesetzlichen Vorschriften (Arbeitsschutz etc.) Es gibt ein paar einfache Regeln, deren Einhaltung zu einem guten Arbeitsumfeld beiträgt. Sorgen Sie für einen angenehmen Bildschirmarbeitsplatz und für sicher verstaute Leitungen und Kabel (um zu vermeiden, dass jemand darüber stolpert). Nehmen Sie sich die Zeit für eine Risikoanalyse Ihrer Geschäftsräume und identifizieren Sie potentielle Gefahrenquellen.

*Wichtig:*

*Achten Sie darauf, dass Sie die gesetzlichen Vorschriften zu Versicherungen und Arbeitsschutz einhalten. Trennen Sie Privates und Berufliches voneinander. Wenn Sie mit anderen Menschen zusammenwohnen, sorgen Sie dafür, dass diese wissen, wann und wo sie arbeiten.*

## *Arbeitsplatz Atelier/Werkstatt*

Ein eigenes Atelier, Büro oder eine Werkstatt zu eröffnen, ist ein großer Schritt. In einem bestimmten Entwicklungsstadium werden Sie jedoch Geschäftsräume außerhalb Ihres Heimes suchen müssen, die Ihnen effektive Abläufe ermöglichen.

### *Pro und Contra*

**Pro**
*Ein flexibles Arbeitsumfeld, klare Trennung von Arbeit und Privatleben, eine professionelle Geschäftsadresse.*

**Contra**
*Die Kosten, die das Unterhalten eines eigenen Ateliers nach sich zieht, die finanzielle Verpflichtung, Miete zahlen zu müssen.*

### Ermitteln Sie Ihren Bedarf
Bevor Sie sich auf die Suche nach potentiellen Geschäftsräumen begeben, erstellen Sie eine Liste der zu erfüllenden Anforderungen. Das gestaltet die Suche rationeller. Die wichtigsten Punkte sind:

#### *Funktionalität*
Listen Sie die wichtigsten Tätigkeiten Ihres Unternehmens auf. In Ihren künftigen Geschäftsräumen müssen all diese Tätigkeiten ablaufen können. Sollte nur wenig Platz sein, fragen Sie sich, ob Sie dort so flexibel wären, umzuräumen, um einen anderen Eindruck entstehen zu lassen, wenn Kunden vorbeikommen.

#### *Lage*
Abzuwägen sind:
- die Entfernung zwischen Wohnung und Arbeitsplatz und zu Kunden und Lieferanten
- die Anfahrtstrecke für Kunden
- die Verkehrsanbindung und Parkmöglichkeiten

#### *Kosten*
Legen Sie ein realistisches Budget fest und halten Sie sich daran. Zu denken ist nicht nur an Miete oder Darlehensraten, sondern auch an:
- die Einrichtungskosten: Sie müssen die Geschäftsräume Ihrem Bedarf anpassen
- zusätzliche Kosten: Kredite, Grundgebühren der Versorgungsbetriebe, Versicherungen, Kaution
- die täglichen Betriebskosten: Gas, Wasser, Strom, Telefon, Internet, Reinigung/Wartung

#### *Größe*
Halten Sie die Räume so klein wie möglich. Sie sollten jedoch genügend Platz für potentielle neue Mitarbeiter und bei Bedarf für Aushilfen bieten.

#### *Küche & Sanitär*
Denken Sie auch darüber nach, was für eine Küche und Toilette Sie benötigen.

#### *Isolation*
Das Betreiben eines eigenen Unternehmens kann eine sehr einsame Angelegenheit sein, denken Sie also gründlich nach, bevor Sie sich für eine Gegend entscheiden, in

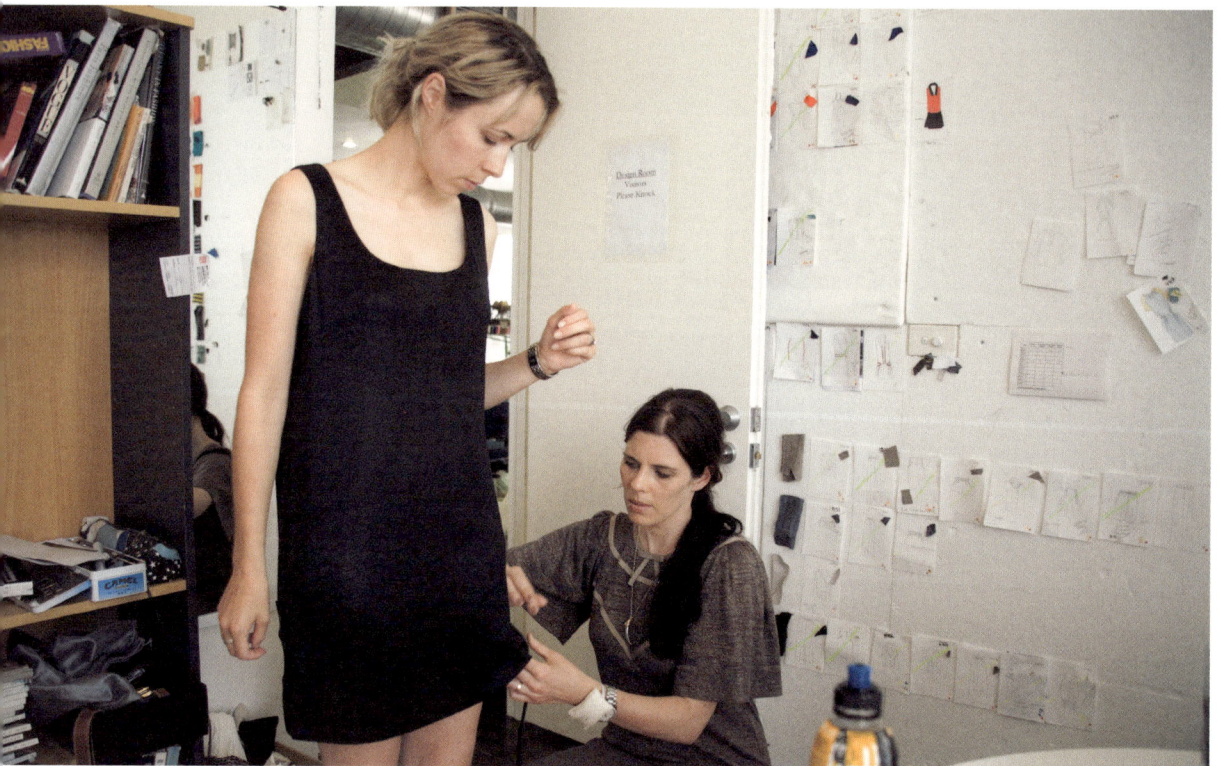

*Designerin Karen Walker bei der Arbeit in ihrem Atelier.*

der Sie zu sehr von der Außenwelt abgeschnitten sind, es sei denn, das inspiriert Sie besonders.

### Sicherheit
Die preiswertesten Ateliers liegen häufig in nicht ganz so beliebten Gegenden. Denken Sie auch über die Frage der Sicherheit nach.

### Arten von Geschäftsräumen
Sie haben die Wahl zwischen vielen verschiedenen Arten von Geschäftsräumen. Entscheiden Sie, was am besten zu Ihnen passt.

### Geschäftsräume von privat
Die Vermieter sind häufig Privatleute. Das Spektrum reicht von Ladengeschäften über Bürogebäude bis hin zu Werkstätten von Industriebetrieben. Bei den Mietbedingungen besteht oft Verhandlungsspielraum.

### Professionell verwaltete Ateliers
Die Atelierkosten, die etwas höher liegen können, setzen sich aus Miete, Grundgebühren und Betriebskosten zusammen. Sie werden in den meisten Fällen von anderen Kreativbetrieben umgeben sein – das kann inspirierend wirken und dabei helfen, Geschäftskontakte aufzubauen und potentielle Lieferanten zu finden.

### Ateliergemeinschaft
Wenn Sie ein Objekt gefunden haben, das genau Ihren Vorstellungen entspricht, aber etwas zu groß und zu teuer ist, können Sie sich nach ähnlichen Unternehmen umsehen, um eine Ateliergemeinschaft zu bilden. Lassen Sie einen Rechtsanwalt einen Vertrag für jeden Mieter aufsetzen und stellen Sie Atelierregeln auf.

### Ateliersuche
Es gibt viele Möglichkeiten, ein Atelier zu finden:
- **Mundpropaganda:** Empfehlungen von Freunden und Verwandten oder Leuten, die bereits in der Branche arbeiten

*Die richtigen Räume sollten Ihnen vor allem Flexibilität bieten. Es könnte sein, dass verschiedenste Tätigkeiten anfallen, vom Anfertigen der Entwürfe über Termine mit Einkäufern bis hin zu Fotoaufnahmen (siehe oben).*

- **Kommunale Wirtschaftsförderung:** hier hilft man bei der Suche nach geeigneten Geschäftsräumen
- **Immobilienmakler:** Angebote für Gewerbe
- **Internet:** Informationen von Maklern über kommerzielle Organisationen (z.B. www.immobilienscout24.de) bis hin zu Einzelangeboten
- **Professionell verwaltete Ateliers:** solche Ateliers verfügen häufig über eine Warteliste, in die man sich aufnehmen lassen kann
- **Werbung:** Anzeigen in kleinen Läden und auf elektronischen schwarzen Brettern relevanter Modewebsites
- **Die Augen aufhalten:** „Zu Vermieten"-Schilder an Gewerbeobjekten ausfindig machen; mit am Ort ansässigen Unternehmern reden

### Vertragsabschluss

Wenn Sie das ideale Objekt oder die idealen Räume gefunden haben, sollten Sie nicht gleich den Vertrag unterschreiben, sondern zunächst ein paar Dinge prüfen.

- Verhandeln Sie mit dem Vermieter, vielleicht gesteht er Ihnen während der Einrichtungsphase eine Mietminderung oder einen mietfreien Zeitraum zu.
- Erkundigen Sie sich über Ihren Vermieter. Es empfiehlt sich, mit anderen Mietern zu reden.
- Lassen Sie den Mietvertrag durch Ihren Rechtsanwalt prüfen. Wie sehr bindet Sie der Vertrag und wie lang ist die Vertragslaufzeit? Können Sie vielleicht günstigere Bedingungen für sich aushandeln?
- Prüfen Sie, ob Grundgebühren der Versorgungsbetriebe, Strom, Wasser etc. noch zur Miete dazukommen.

Machen Sie Ihre Hausaufgaben und verschaffen Sie sich im Falle des Immobilienerwerbs einen Überblick über die Mietertragswerte verschiedener Immobilienformen in Ihrer Gegend.

Kapitel 6: Alleskönner?

*C*hef eines kleinen Unternehmens zu sein, heißt, dass Sie diverse Aufgaben erfüllen müssen. In der Modebranche kommen zu den alltäglichen Tätigkeiten noch ein paar spezielle Aufgaben hinzu. Sie müssen herausfinden, wie viele davon Sie selbst übernehmen können und wie viele Sie auslagern müssen. Wenn Sie Angestellte brauchen, müssen Sie sich in Bezug auf Einstellungs- und Entlassungsmodalitäten und die Gesetzgebung auf den neuesten Stand bringen. Dieses Kapitel stellt die mit der Lieferkette verbundenen Abläufe vor.

## Die Lieferkette

Der Weg eines Modeprodukts von der anfänglichen Idee bis zu dem Moment, wo Ihre Kunden es tragen, kann sich kompliziert gestalten und bringt diverse Tätigkeiten mit sich. Der gesamte Vorgang wird als Lieferkette bezeichnet (siehe S. 16–17) und Ihr Lieferketten-Management entscheidet über den Erfolg Ihres Unternehmens. Die Lieferkette besteht aus vier Hauptphasen: Markt- und Trendrecherche, Erstellen von Entwürfen und Musterkollektionen, Produktion sowie Vertrieb und Auslieferung. Jede dieser vier Phasen kann noch einmal in verschiedene Aufgaben unterteilt werden. In einem großen Unternehmen erstrecken sich die Verantwortungsbereiche einer einzelnen Person über mehrere dieser Phasen. Die Tabelle zeigt die typischen Aufgabenbereiche und ordnet sie den vier Phasen der Lieferkette zu.

*Wichtige Aufgabenbereiche in den Phasen der Lieferkette*

| Phase 1 Recherche der Modetrends | Phase 2 Entwürfe und Musterkollektionen | Phase 3 Produktion | Phase 4 Vertrieb und Auslieferung |
|---|---|---|---|
| Trendscouts | Designer | Produktionsleiter | Vertriebsleiter |
| Designer | Einkäufer | Einkäufer | Merchandiser |
| | Merchandiser | Merchandiser | Außendienstmitarbeiter |
| | Schnittmacher | Schnittmacher | PR-/Marketing-Manager |
| | Bekleidungs-/ Textiltechniker | Bekleidungs-/ Textiltechniker | Modefotograf/Stylist |
| | Musternäher | Qualitätskontrolleur | Modejournalist |
| | | | Einkäufer des Handels |

Foto: David Hardy

Jede dieser Aufgaben trägt maßgeblich dazu bei, dass das richtige Produkt zum richtigen Preis, zur richtigen Zeit und in der richtigen Qualität an den richtigen Ort gelangt. Sie müssen herausfinden, welche dieser Rollen Sie selbst erfüllen können und welche Sie abgeben müssen. Je eher Sie die Bereiche erkennen, für die Sie Hilfe in Ihrem Unternehmen benötigen, umso eher können Sie das benötigte Startkapital realistisch einschätzen.

Manche Aufgaben kommen zwar in mehr als nur einer Phase zum Tragen, werden nachfolgend allerdings nur dort aufgeführt, wo sie tagtäglich eine große Rolle spielen, um das Nachschlagen zu erleichtern.

### Phase 1: Modetrends recherchieren

In der Mode dreht sich alles um Trends. Sie müssen die Trends, unter deren Einfluss Ihre Zielgruppe steht, verstehen, lernen, die Richtung zu erkennen, in die sich die Modeindustrie bewegt, und sie in die Entwicklung Ihres Produkts einfließen lassen (siehe Kapitel 8). Große Modehäuser arbeiten häufig mit einem spezialisierten Trendforschungsunternehmen zusammen oder kommen durch externe Trendagenturen an aktuelle Informationen.

#### *Trendbeobachter:*
- sieht sich auf dem Markt um, besucht Fachmessen und Modeveranstaltungen, betreibt Recherche auf Websites der Branche
- berät Modedesigner zu Trends bei Farben, Materialien und Schnitten und analysiert für sie gesellschaftliche Trends, die sich auf die Branche auswirken werden
- verbindet Kenntnisse in Modedesign und Modegeschichte mit Verbraucherinformation

## Phase 2: Erstellen von Entwürfen

Auf der Grundlage Ihrer Marktrecherchen, Ihrer Zielgruppe und prognostizierter Trends müssen Sie mit der Entwicklung Ihres Startsortiments beginnen (siehe Kapitel 9). Egal ob Sie selbst der Designer sind, Sie werden das Produkt, das Sie entwickeln, sehr oft aus verschiedenen Blickwinkeln betrachten müssen. In einem großen Modehaus arbeiten die Designer mit dem Einkauf und dem Merchandising zusammen, um dem Kunden das bestmögliche Produkt garantieren zu können. Wenn Sie diese Funktionen alle selbst übernehmen, müssen Sie in der Lage sein, ein gesundes Gleichgewicht zwischen der künstlerischen Aufgabe des Designers und der Aufgabe des Merchandisers zu bewahren, der das Produkt vor dem Hintergrund der Umsatzanalyse der letzten Saison betrachtet. Tappen Sie nicht in die Falle und entwickeln ein Produkt, das so aufwendig ist, dass es kommerziell uninteressant ist, oder ein Produkt, das so sehr auf dem Absatzerfolg der letzten Saison basiert, dass es sich für den Kunden nicht genug abhebt.

Versetzen Sie sich in die Lage der Einkäufer der Läden, an die Sie verkaufen wollen, und der Kunden, die Ihr Produkt tragen werden.

Auch Schnittmacher und Bekleidungs-/Textiltechniker sind in dieser Phase bereits involviert, um sicherzustellen, dass der jeweilige Entwurf auch umsetzbar ist.

### *Designer:*
- recherchiert durch Vergleichskäufe, den Besuch von Stoffmessen und anderen Fachmessen und indem er Medien, Musik und andere gesellschaftliche Einflüsse verfolgt
- entwickelt Ablaufpläne und die Produktpalette
- erarbeitet Kostenaufstellung und Angaben für Musterkollektion
- wählt Stoffe und Zutaten wie Futterstoffe und Knöpfe aus
- arbeitet mit Schnittmachern zusammen
- nimmt Musterteile ab
- besucht Hersteller

*Links*

*Trendbeobachter recherchieren an verschiedenen Orten, z.B. auf Fachmessen, um aktuelle und künftige Trends aufzuspüren.*

*Rechts*

*Die vom Designer erstellten Spezifikationen, wie hier an der Wand der Designabteilung der Modemarke Schumacher, sind ein wichtiger Schritt beim Entwerfen von Modeprodukten.*

*Einkäufer:*
- ist jede Saison für die Kollektionsplanung verantwortlich
- recherchiert Trends mittels Vergleichskäufen und Umsatzanalyse
- hält mit den Führungskräften regelmäßig Kollektionsbesprechungen ab
- kontrolliert das Jahresbudget
- legt Kriterien für Lieferanten fest, auch Preise
- sorgt dafür, dass Fristen eingehalten werden und Lieferbedarf erfüllt wird
- berechnet den Zeitbedarf um sicherzustellen, dass das Produkt pünktlich die Läden erreicht

*Merchandiser:*
- arbeitet Seite an Seite mit dem Einkaufsteam, um durch Auswerten der Umsätze der letzten Saison die Kollektionen der nächsten Saison vorauszuplanen
- hilft bei der Entscheidung über den Produktmix mit dem Ziel der Gewinnmaximierung
- sorgt für Einhaltung der Gewinnspannen und Bestandsziele
- ist häufig für ein großes Budget verantwortlich
- betreibt Lieferkettenmanagement durch Lieferkontrollen und Kontrolle der Lieferantenkontakte
- arbeitet eng mit dem Vertriebsteam zusammen, um Vorrätigkeit der Ware zu garantieren

*Schnittmacher:*
- fertigt auf der Grundlage der Designerskizzen Modellzeichnungen an, die für das Modell und später auch in der Produktion verwendet werden
- erstellt Maßtabellen für die Kollektion
- skizziert die Modellzeichnung zunächst auf Papier und entwickelt dann ein Modell aus Nessel, wobei Schnittoptimierung erfolgt
- überträgt die Papier-Modellzeichnungen auf produktionsreife Vorlagen
- erstellt die Schnitte per Hand oder mit Hilfe eines CAD-Systems
- überprüft die Passform anhand der Prototypen

*Bekleidungstechniker:*
- trägt Sorge, dass die Stoffe den Qualitätsanforderungen entsprechen und der Aufwand bei der Produktion (Zuschnitt, Nähen, Bügeln) optimiert wird
- unterbreitet mittels seiner Fachkenntnis Verbesserungsvorschläge
- bietet den Einkäufern technische Unterstützung
- arbeitet mit Lieferanten zusammen und sorgt für die Einhaltung der Produktionsstandards
- organisiert Materialtests und koordiniert Berichte

## Phase 3: Produktion

Sobald Sie in die Modeproduktion einsteigen, wird es schnell recht technisch. Wenn Sie die eigentliche Herstellung Ihres Produkts selbst übernehmen sollten, müssen Sie in der Lage sein, es in handelsüblicher Qualität abzuliefern. Sollten Sie Ihre Produktion hingegen auslagern, befinden Sie sich im Umgang mit Herstellern im Nachteil, es sei denn, Sie verfügen über einen Produktionsmanager, der den Herstellungsprozess überwacht.

Durch die hohen Qualitätsanforderungen können Sie es sich nicht leisten, durch einen nicht reibungslosen Produktionsprozess Zeit und Geld zu verlieren. Während Sie noch alle Zeit der Welt für die Entwicklung der Muster Ihrer ersten Kollektion hatten, werden Sie schnell feststellen, dass Sie nun gleichzeitig die Produktion für die eine Saison beaufsichtigen und die Muster der Linie für die nächste Saison entwickeln müssen. Deshalb empfinden viele kleine Modelabels die Produktion als

*Die Entwicklung von Modeprodukten ist ein technischer Vorgang, an dem Berufe wie Schnittmacher (oben), Modellmacher (oben rechts) und Bekleidungstechniker (unten rechts) beteiligt sind.*

Fluch Ihres Lebens, seien Sie also nicht erstaunt, wenn Sie das Gros Ihrer Zeit in der Rolle des Produktionsmanagers zubringen (siehe Kapitel 10).

**Produktionsmanager:**
- steuert den gesamten Modell- und Produktionsprozess
- sorgt für die Einhaltung des Budgets und der Lieferzeiten
- wählt für alles, was nicht inhouse geleistet werden kann, Lieferanten aus und verhandelt Preise, besucht auch die Produktionsstätten
- kalkuliert zusammen mit dem Vertriebsteam die für die Produktion benötigten Mengen

**Textiltechniker:**
- entwickelt Standards für die Stoffe und kontrolliert deren Einhaltung während der Produktion
- sorgt zusammen mit den Designern dafür, dass die Stoffe hinsichtlich Qualität, Eigenschaften und Preis den Produktanforderungen entsprechen

**Qualitätskontrolle:**
- entwickelt interne Qualitätsstandards für die Produkte
- überwacht den Qualitätssicherungsprozess
- macht Stichproben bei den fertigen Kleidungsstücken, um sie mit den Spezifikationen abzugleichen und Maßgenauigkeit zu garantieren

**Schnittmacher:**
- gradiert den Erstschnitt in die jeweiligen Konfektionsgrößen
- arbeitet mit Designern zusammen

**Produktionsmitarbeiter:**
- schneidet die Stoffe zu
- näht in Serienproduktion
- bügelt die genähten Teile
- deponiert die fertigen Teile im Lager

**Phase 4: Vertrieb und Auslieferung**

Nachdem Sie Marktrecherche betrieben, sich einen Überblick über die aufkommenden Trends der Saison verschafft, Entwürfe und Modelle für Ihre Kollektion erarbeitet und die Fabrikationsfähigkeit sichergestellt haben, ist es schließlich an der Zeit, Ihre Produktlinie zu vertreiben. Die Aufgaben, die Sie in diesem Rahmen selbst erfüllen, können variieren, je nachdem, ob Sie eine Einzelhandels- oder Großhandelsstrategie verfolgen. Doch unabhängig davon, ob Sie nun Ihre Kollektion selbst vertreiben und die Öffentlichkeitsarbeit und das Marketing betriebsintern erfolgt oder Sie sich externer Hilfe bedienen (siehe Kapitel 12), Sie werden in jedem Falle Unterstützung benötigen, wenn Sie auf sich und Ihre Linie aufmerksam machen wollen (siehe Kapitel 11). Modestylisten, Fotografen und Journalisten tragen alle dazu bei, Ihrem Produkt und Ihrer Marke die notwendige Publicity zu verschaffen, die Ihre Verkaufszahlen in die Höhe treibt und so Geld in Ihr Unternehmen zurückfließen lässt. Diese Vorgänge laufen zwar nicht betriebsintern ab, doch Sie müssen über die Geschichten, das Produkt und die Bilder usw. nachdenken, mit denen Sie Aufmerksamkeit erregen können.

Selbst wenn Sie keinen eigenen Laden aufmachen wollen, müssen Sie Informationskanäle finden, über die Sie die Einkäufer und Verkäufer der Läden, an die Sie verkaufen wollen, erreichen. Viele Ihrer Kunden werden über diese Mittler erstmals mit Ihrer Marke in Kontakt kommen. Je mehr sie über das Produkt und Ihre Philosophie wissen, umso leichter wird es ihnen fallen, Ihre Linie zu verkaufen.

*Vertriebsleiter:*
- betreut Kunden, auch Neukunden
- etabliert Kontakte
- legt Umsatzziele fest
- erfasst Aufträge und bearbeitet Lieferungen zum Kunden und Retouren
- verantwortlich für den Ausstellungs-/Verkaufsraum
- vereinbart Vertriebstermine
- entscheidet über die Teilnahme an Ausstellungen und Fachmessen
- entscheidet über den Versand von Mustern, Preislisten und Lookbooks

*Vertriebsmitarbeiter:*
- liefert Bestellungen aus und stellt sicher, dass die richtigen Größen und Mengen die jeweiligen Läden erreichen
- kontrolliert die Bestände und Nachbestellungen

*PR-/Marketing-Manager:*
- bewirbt die Marke und ihre Produkte durch Werbung, Öffentlichkeitsarbeit, allgemeine Verkaufsförderung, Direktverkauf, visuelle Verkaufsförderung und über das Internet
- knüpft und unterhält über Modestylisten, Journalisten und Redakteure Medienkontakte
- plant und organisiert Unternehmensveranstaltungen, von Modenschauen über Fotoaufnahmen bis hin zu Pressetagen

*Modestylist:*
- entwickelt visuelles Erscheinungsbild für Modenschauen und Bilder, z.B. Fotos für Lookbooks, Werbekampagnen, Websites und Fachartikel

*Stylisten leisten einen wichtigen Beitrag zur visuell ansprechenden Präsentation einer Kollektion, sei es für eine Modenschau, ein Lookbook oder eine Werbekampagne.*

**Modejournalist:**
- analysiert Modeprodukte und informiert darüber
- informiert den Kunden über den sich fortwährend wandelnden Modemarkt

**Retail Manager:**
- ist verantwortlich für den Alltagsbetrieb eines Ladens oder einer Abteilung, für die Absatz- und Gewinnmaximierung
- leitet und motiviert ein Team mit dem Ziel der Umsatzsteigerung und Effizienzsicherung

**Verkäufer:**
- ist das „Gesicht" des Ladens, verkauft die Ware direkt an den Kunden
- stellt Kontakte zu Kunden her (Interaktion mit Kunden ist in allen Bereichen essentiell und Verkäufer im gehobenen Preissegment müssen besonders stark auf individuelle, persönliche Beratung bauen)

Der Schlüssel zum Erfolg eines Ein-Mann-Unternehmens ist, sich auf den Bereich zu konzentrieren, in dem man gut ist, und im richtigen Moment ausgebildete Fachleute einzubeziehen. Je mehr Funktionen Sie selbst übernehmen können, umso geringer sind natürlich die von Ihnen zu tragenden Kosten. Sie sollten jedoch nicht versuchen, zu viel auf einmal zu bewältigen. Wohlüberlegt vorgenommene, relativ geringe Personalausgaben können langfristig von sehr großem Nutzen sein.

## *AUFGABEN*

1. *Legen Sie fest, wie viele dieser Funktionen Sie selbst übernehmen wollen. Listen Sie all jene auf, die Sie auslagern müssen.*
2. *Machen Sie über örtliche Modeausbildungsstätten potentielle Talente ausfindig und erkundigen Sie sich bei den Fachverbänden der jeweiligen Berufsgruppen, um eine Vorstellung von Gehältern und Honoraren für Freiberufler in Ihrer Gegend zu bekommen.*

## Einstellungen und Entlassungen

Ein Unternehmen zu leiten heißt, dass Sie dafür zuständig sind, das richtige Personal auszuwählen, die Mitarbeiter anzuleiten und Mitarbeiter, die den Anforderungen nicht entsprechen, zu entlassen. Ohne jedwede Erfahrungen in der Unternehmensführung kann das eine beängstigende Aufgabe sein. Sie mögen es zwar eilig haben, da die Arbeit sich ansammelt, aber Sie sollten sich genügend Zeit für die Suche nach den richtigen Kandidaten nehmen. Das Schlimmste, was einem kleinen Modelabel passieren kann, ist, jemanden einzustellen, der den Erwartungen nicht entspricht. Bewerbungsgespräche bieten Ihnen die Chance, die richtige Person für die Position zu finden.

### Tipps für Fragen während eines Bewerbungsgesprächs

**Charlotte Kramer** – *Personalfachfrau und Führungskraft*

#### Vorbereitung
*Beschäftigen Sie sich im Vorfeld des Bewerbungsgesprächs mit dem Lebenslauf des Bewerbers und bereiten Sie eine Liste relevanter Fragen vor.*

#### Professionalität
*Sie repräsentieren Ihr Unternehmen, seien Sie also pünktlich und treten Sie die ganze Zeit über professionell auf. Während Sie entscheiden, ob Sie den Bewerber einstellen möchten, wird der Bewerber darüber nachdenken, ob er für Sie arbeiten möchte. Auch das sollten Sie berücksichtigen. Kontaktieren Sie also den Bewerber nach Abschluss der Bewerbungsgespräche und teilen Sie ihm das Ergebnis mit.*

#### Effektivität
*Beginnen Sie das Gespräch, indem Sie kurz den Ablauf erklären, geben Sie dann einen Überblick über Ihr Unternehmen und seine Ziele. Beschreiben Sie die zu besetzende Stelle, nennen Sie wichtige Aufgabenbereiche, Ziele und eventuelle Teamstrukturen. Stellen Sie eine Reihe zweckdienlicher Fragen und ermutigen Sie den Bewerber im Anschluss, Ihnen Fragen zu stellen.*

#### Eingehendes Prüfen
*Stellen Sie bestimmte Fragen in der Form einer „offenen" Frage: „Erzählen Sie mir mehr über…" und „Nennen Sie ein Beispiel für…". Verschaffen Sie sich einen Eindruck von bisherigen Leistungen, Fähigkeiten und Qualifikationen. Versuchen Sie, mögliche Schwächen und Bereiche mit Entwicklungspotential herauszufinden. „Gibt es einen Bereich, in dem Sie besser werden wollen?"*

### Motivation
Haben Sie die richtigen Mitarbeiter gefunden, müssen Sie dafür sorgen, dass sie motiviert bleiben. Als neu gegründetes Modeunternehmen können Sie sich niemanden im Team leisten, der bereits zufrieden ist, wenn er ein regelmäßiges Gehalt bezieht. Sie brauchen ein ehrgeiziges Team, dem genauso viel am Aufbau des Unternehmens liegt wie Ihnen. Versuchen Sie, ein Arbeitsumfeld zu schaffen, in dem Ihr Personal erfolgreich arbeiten kann. Dazu gehören:

- **Aufmerksamkeit:** Es passiert schnell, dass Sie sich in Ihren täglichen Verpflichtungen verlieren. Bewahren Sie sich einen Blick für Befindlichkeiten und Verhalten Ihrer Mitarbeiter.
- **Fest eingeplante Mitarbeitergespräche:** Jeder wünscht sich Rückmeldungen zur persönlichen Leistung. Wenn Sie konstruktive Rückmeldungen zeitlich fest einplanen, schaffen Sie sich eine Möglichkeit, Ihre Ansichten zu den Leistungen der Mitarbeiter diskutieren zu können. Eine Einschätzung im Rahmen von Personalgesprächen empfiehlt sich im ersten Jahr nach dem ersten Monat sowie nach 3, 6 und 12 Monaten. Danach sollte ein Jahresrhythmus beibehalten werden.
- **Weiterbildungsangebote:** Denken Sie über Weiterbildungsangebote für Ihre Mitarbeiter nach, um Defizite auszugleichen und für Wissenszuwachs zu sorgen.
- **Eine auf Kooperation beruhende, offene Arbeitskultur:** In einem kleinen Kreativunternehmen ist die richtige Atmosphäre besonders wichtig. Es gibt zwar Menschen, die in einer autoritären Umgebung am besten arbeiten, doch die meisten brauchen etwas Freiraum, um sich zu entfalten. Wie erfolgreich Sie sind, hängt von der Produktivität Ihrer Mitarbeiter ab und auch davon, wie lange sie Ihnen treu bleiben. Als junges Unternehmen können Sie es sich nicht leisten, dass die Mitarbeiter sich die Klinke in die Hand geben.

Manchmal wird es notwendig sein, Mitarbeiter zu entlassen, was schrecklich sein kann. Noch schlimmer ist es, wenn der Entlassene Sie verklagt. Wenn Sie ein Beschäftigungsverhältnis beenden, müssen Sie deshalb dafür sorgen, dass Sie korrekt vorgehen.

## *Woran Sie denken sollten, wenn Sie ein Beschäftigungsverhältnis beenden wollen*

**Charlotte Kramer** – *Personalfachfrau und Führungskraft*

- *Aufbewahren sollten Sie: Dokumente, die belegen, das das Leistungssoll nicht erfüllt oder nicht akzeptables Verhalten an den Tag gelegt wurde; schriftliche Aufzeichnungen zu Gesprächen, in denen die Leistungen angesprochen wurden, und Entwicklungspläne.*
- *Sprechen Sie alle Bereiche an, die verbessert werden könnten, z.B. die Teilnahme an Weiterbildungskursen oder einem passenden Programm zur Verhaltensschulung.*
- *Halten Sie sich an die geltende Arbeitsgesetzgebung (z.B. Abmahnungsregelungen) und schalten Sie ggf. einen Rechtsanwalt ein.*
- *Erwägen Sie eine Versetzung innerhalb des Unternehmens.*
- *Behandeln Sie den Mitarbeiter fair.*
- *Treten Sie einfühlsam und diskret auf.*

# *Fallbeispiel: Gil Carvalho*

Im Herbst 2003 gründete der damals 27-jährige portugiesische Schuhdesigner Gil Carvalho das Luxuslabel für Damenschuhe Carvalho Concept Ltd. Sein Studium am Cordwainers College, das zum London College of Fashion gehört, hatte er mit einem erstklassigen B.A. in Design, Marketing und Product Development abgeschlossen und zunächst für Vivienne Westwood gearbeitet.

Als er noch nicht lange bei Westwood war, begriff Gil, dass seine Zukunft in einem eigenen Unternehmen lag. „Ich beschloss, mein eigenes Unternehmen zu gründen, um vom Entwurf bis zum fertigen Ergebnis die volle Kontrolle über mein Produkt zu haben." Mit Hilfe einiger enger Freunde begann er, seine erste Prêt-à-porter-Kollektion zu entwerfen und gleichzeitig eine Konzeptkollektion zu entwickeln, um sein eigentliches Ziel zu erreichen – die Etablierung des Namens Gil Carvalho als Synonym für Luxus.

Die Kollektion der ersten Saison war ausschließlich eigenfinanziert und umfasste 12 Modelle, jedes in drei Farbvarianten. Die Preise bewegten sich zwischen 240 und 1250 €. Gil hatte zwar bereits seit der Gründung des Labels großen Erfolg, doch es dauerte drei Jahre, bis das Unternehmen die Gewinnzone erreichte.

Er ist überzeugt, dass man Geduld braucht, um ein Modeunternehmen zu betreiben. Zwei weitere Hauptgründe für seinen Erfolg sieht er in seinem Tatendrang und seiner Beharrlichkeit. Gil sagt, es helfe, zu wissen was man will, da jeder in der Branche eine Meinung habe!

Er dachte sich in seine Kundenzielgruppe hinein und leitete daraus seine Verkaufs- und Produktionsstrategie ab. „Luxuriöse Damenschuhe assoziieren die Leute automatisch mit italienischen Herstellern, ich hatte also das Gefühl, gar keine andere Wahl zu haben und einfach dort produzieren zu müssen." Dann wählte er den britischen Markt als Zielgruppe aus, begriff aber schnell, dass die Schuhe auch international von Interesse sein würden und begann, den US-amerikanischen und den italienischen Markt ins Visier zu nehmen.

Der Großhandel ist ein wichtiger Bestandteil von Gils Verkaufsstrategie und obwohl er plant, irgendwann sein eigenes Einzelhandelsgeschäft zu eröffnen, ist ihm bewusst, dass es noch zu früh dafür ist, weil die damit verbundenen Kosten zu hoch sind. Da es sein Ziel ist, einen internationalen Markt anzusprechen, hat er sein Produkt auf diversen Fachmessen präsentiert und die Auswahl nach anfänglicher Recherche auf die Messen Micam in Mailand, WSA in Las Vegas und Première Classe in Paris eingeengt. Es waren zuerst mehr, doch er hielt diese für die wichtigsten und musste sich an

sein anfangs sehr begrenztes Budget halten. Da das Unternehmen expandiert, erwägt er nun die Teilnahme an anderen Schauen. Das Gros des Umsatzes macht er nun mit dem Exportgeschäft.

Gil sieht in der Werbung den wichtigsten Baustein für den Erfolg eines Modeunternehmens – noch vor der Produktplatzierung und dem Preis. „Unterschätze nie den Effekt guter Werbung; in der Modebranche ist sie unglaublich wichtig und darf nicht auf die leichte Schulter genommen werden. Öffentlichkeitsarbeit bildet die Grundlage. Wenn du das begreifst, ergibt sich der Rest von allein." Gil sieht jedoch eine der größten Herausforderungen für eine gute PR in der „Marktsättigung und dem Problem, die Branche auf dich aufmerksam zu machen. Allzu oft halten sich die Zeitschriften, an denen sich der Kunde vorwiegend orientiert, an die bekannten Marken und berücksichtigen neue, aufsteigende Talente kaum."

Da er versuchte, in den etablierten Medien Fuß zu fassen, wollte Gil die Öffentlichkeitsarbeit anfangs einer PR-Agentur überlassen, doch er beschloss sehr bald, dass er mit einer betriebsinternen PR-Abteilung am schnellsten vorankommen würde. Dadurch konnte er seine Ausgaben reduzieren und sicherstellen, dass das Produkt seine erste Priorität blieb. Er entschied auch, den Laufsteg als Möglichkeit zu sehen, sein Produkt zu bewerben, gesteht jedoch ein, dass das schwierig sein kann, da Schuhe „als Accessoire des Hauptereignisses gesehen werden, ein Hindernis, das es zu überwinden gilt". Er schreibt der Sichtbarkeit des Produkts enorme Bedeutung zu und sieht in der Modenschau die häufig beste Möglichkeit dafür, da sie einen Rahmen bietet, in dem man „ein extremeres Konzeptprodukt präsentieren kann, wodurch die Aufmerksamkeit auf die eigenen Arbeiten gelenkt wird".

Eine der stärksten Motivationen ist für Gil, „meine eigenen Schuhe in den Regalen zu sehen und die Sucht der Schuhliebhaberin durch ein Design zu stillen, das sie unbedingt haben muss! Die Chancen, die sich dir bieten, wenn die Leute erst einmal Gefallen an deinen Arbeiten finden, sind enorm wichtig. Für mich ist die Anerkennung derer, die es in der Branche geschafft haben und deren Arbeit ich schätze das höchste Lob."

*Um ein internationales Publikum zu erreichen, vertreibt Gil seine Schuhe über Fachmessen in London, Las Vegas, Paris und Mailand.*

# Kapitel 7: Lernen Sie den Markt kennen

*Viel zu viele junge Modelabels verbringen die ersten drei oder vier Saisons damit, herauszufinden, wer ihre Kunden eigentlich sind, wo sie einkaufen, was sie mögen und was sie nicht mögen. Je besser Sie den Markt kennen, den Sie sich erschließen wollen, umso sicherer können Sie sich der Rentabilität Ihres Produkts sein. Und was noch wichtiger ist: Je mehr Sie recherchieren, bevor Sie in die Entwicklung Ihrer ersten Musterkollektion investieren, umso mehr Geld werden Sie langfristig sparen. Dieses Kapitel macht Sie mit dem Ablauf der Marktrecherche vertraut.*

## Marktrecherche

Bei der Marktrecherche dreht sich alles darum, Informationen zu sammeln und auszuwerten, um sicherzustellen, dass Sie Ihrem Kunden das richtige Produkt anbieten. Sie trägt auch wesentlich zur Untermauerung Ihres Businessplans bei. Investoren oder Kreditinstitute werden wissen wollen, auf welchen Fakten Ihre Prognosen aufbauen. Es gibt zwei Möglichkeiten, die Sekundärrecherche (Informationen aus Presse, Datenbanken, Verzeichnissen, Berichten und Büchern) sowie Ihre eigene Primärrecherche (Originalinformationen durch Erhebungen und Beobachtung). Letztere wird zielgerichteter und dadurch nützlicher sein.

### Lernen Sie Ihre Kunden kennen

Sie müssen wissen, wer Ihre Kunden sind. Viele junge Designer entwickeln Produkte in einem Preissegment, das sie sich selbst nicht leisten können. Sie stellen häufig Vermutungen über Kunden und deren Kaufgewohnheiten an. Aber Sie müssen alles über die Art von Kunden wissen, die Ihr Produkt kaufen werden, wenn das entwickelte Produkt ihren Bedürfnissen und Wünschen entsprechen soll.

Sie müssen Kaufgewohnheiten, Lebensweise, Vorlieben, Abneigungen und vor allem die Bedürfnisse Ihrer Kunden herausfinden. Wenn Sie wissen, warum jemand Ihr Produkt kauft, ist es leichter, ihm das ideale Produkt zu bieten. Eine hervorragende Möglichkeit, Ihre Kunden kennenzulernen, bietet sich in Boutiquen und Läden, in denen Sie viel Zeit verbringen sollten, um zu beobachten, wie Ihre Kunden einkaufen, welche Produkte sie sich ansehen und welche sie erwerben.

Auch kann es von unschätzbarem Wert sein, in einem Einzelhandelsgeschäft zu arbeiten, mit dem sie beabsichtigen zusammenzuarbeiten. Kennen Sie erst einmal Kaufgewohnheiten und Ausgaben pro Saison, können Sie beginnen, Ihr Produkt darum herum aufzubauen. Sie werden eine Vorstellung davon entwickeln, was sie in ihrem Kleiderschrank vermissen. Sollte das nicht funktionieren, begeben Sie sich in eine Einkaufsstraße, in der Ihre Mitbewerber präsent sind, und befragen gezielt Passanten. So können Sie ein ziemlich gutes Bild von deren Kaufgewohnheiten, Bedürfnissen und Wünschen bekommen und erfahren, womit Sie ihre Aufmerksamkeit am besten gewinnen können.

*Modehalle auf der Messe Bread & Butter, Barcelona*

## Zielgruppenanalyse

| Demografische Merkmale | Kaufgewohnheiten | Vorlieben/Abneigungen |
|---|---|---|
| Beruf? | Wo kaufen sie ein? | Lieblingsdesigner? |
| Alter? | Wie kaufen sie ein (spontan, Ausverkauf, saisongebunden)? | Welche Zeitschriften lesen sie? |
| Verheiratet, ledig, geschieden? | Richten sie sich nach Trends? | Welche Tageszeitung lesen sie? |
| Haben sie Kinder? | Sind sie markentreu? | Welche Prominenten bewundern sie? |
| Einkommen? | Wofür kaufen sie ein (Freizeit oder bestimmter Anlass)? | Was mögen sie am wenigsten an Mode? |
| Wo wohnen sie? | Wie ausgeprägt ist ihr Körperbewusstsein (körperbetont oder eher verbergend)? | Worüber können sie lachen? |
| Wo verbringen sie ihren Urlaub? | In welcher Preisklasse kaufen sie ein? | Was für Musik hören sie? |
| Wie oft im Jahr machen sie Urlaub? | | |
| Welche Größe tragen sie? | | |

### AUFGABE

**Nehmen Sie eine Zielgruppenanalyse vor**
*Beantworten Sie die o.g. Fragen, um ein Profil Ihres idealen Kunden zu erstellen. Versuchen Sie, so viele unterschiedliche Profile wie möglich anzufertigen, so dass Sie beim Vermarkten und Bewerben Ihrer Marke oder Ihres Ladens alle möglichen Blickwinkel einnehmen können. Stellen Sie sich auch darüber hinausgehende Fragen, die Ihrer Meinung nach dazu beitragen können, Ihren Kunden besser zu verstehen.*

Nachdem Sie Ihren idealen Kunden ermittelt haben, müssen Sie sicherstellen, dass es genügend von seiner Sorte gibt. Wenn Sie sich andere Modelabels mit ähnlichen Produkten ansehen, können Sie vielleicht Rückschlüsse darauf ziehen.

### Beobachten Sie Ihre Mitbewerber

Studieren Sie potentielle Mitbewerber und Sie werden sehr viel Zeit und Geld sparen, indem Sie von ihnen bereits geleistete Recherche nutzen. Wenn ähnliche Angebote erfolgreich auf dem Markt sind, können Sie sicher sein, dass ein Markt für Ihre Produktlinie existiert. Sie müssen jedoch zunächst feststellen, wer genau Ihre Konkurrenten sein werden.

Durch das Identifizieren ähnlicher Labels ist es Ihnen möglich, deren Fachhändler gezielt zu anzusprechen, in dem Wissen, dass Ihr Produkt auf Interesse stoßen wird. Sie können so außerdem genau herausfinden, welche Modelle, Farben, Längen, Aufdrucke, dekorativen Elemente usw. sich bei Ihren Mitbewerbern gut verkaufen. Vor allem werden Sie aber feststellen können, welches Preisniveau Ihr Kunde für bestimmte Produkte erwartet, sowohl im unteren als auch im mittleren und oberen Preissegment. Wenn Sie am Anfang die falschen Mitbewerber ins Visier nehmen, werden Sie sehr viel Zeit und Energie verschwenden, weil Sie die falschen Einzelhändler und Kunden auswählen. Lassen Sie sich Zeit und machen Sie keine Fehler.

Es ist unrealistisch, von Einzelhändlern und Kunden zu erwarten, dass sie Sie gleichberechtigt mit großen Marken wie Gucci oder Ralph Lauren behandeln, denn Ihre Marke hat weder die gleiche Geschichte noch den gleichen Bekanntheitsgrad vorzuweisen. Es gibt viele Modelabels, von denen Sie vielleicht noch nie gehört

*Durch Besuche von Fachmessen können Sie hervorragend Recherche zu Ihren Mitbewerbern betreiben.*

haben, die aber dennoch erfolgreich im Geschäft sind. Eine Reihe Ihrer direkten Mitbewerber befindet sich vermutlich bereits in dieser Gruppe und es wird Ihnen gelingen, viel mehr Informationen über deren Aktivitäten zu sammeln als über die eines großen, bekannten Labels.

Besuchen Sie Fachmessen, identifizieren Sie ähnliche Labels, stellen Sie fest, an wen sie verkaufen (nicht nur an welche Läden, sondern auch in welche Länder) und sehen Sie sich an, welche Kontakte sie aufgebaut haben. All das wird Ihnen dabei helfen, einen Unternehmensplan zu entwickeln und besser zu verstehen, wer Ihr Produkt kaufen wird und warum.

Die Tatsache, dass ein Modelabel in großen Modezeitschriften vertreten ist, ist noch kein Indiz dafür, dass es ihm wirtschaftlich gut geht. In der Modebranche gab es bereits eine ganze Reihe von Labels, die fleißig Öffentlichkeitsarbeit betrieben und die Seiten der Zeitschriften Vogue, Harper's Bazaar und Elle füllten, von denen man nun aber schon lange nichts mehr gehört hat. Recherchieren Sie gründlich um sicherzugehen, dass Sie Labels auswählen, die sowohl kommerziell als auch medial erfolgreich sind.

===============================================

### *AUFGABE*

#### *Mitbewerberanalyse*
*Wählen Sie einen Mitbewerber aus, der bereits in Ihrem Marktsegment verkauft, und erstellen Sie eine SWOT-Analyse von ihm (siehe S. 100). Können Sie aus seinen eventuellen Schwächen oder Risiken Nutzen ziehen?*

===============================================

## *Schneiden Sie Ihr Produkt auf Ihren Markt zu*

Wodurch soll sich Ihr Produkt abheben (siehe Kapitel 9)? Identifizieren Sie zunächst Stärken und Schwächen Ihrer Mitbewerber und stellen Sie fest, wie Sie deren Angebot schlagen können.

Sie müssen herausfinden, welche Produkte bereits auf dem Markt sind – anderenfalls können Sie nicht sicher sein, dass Sie nicht einfach noch mehr vom Gleichen anbieten, oder schlimmer noch, noch dazu zu einem höheren Preis. Die Modebranche ist unerbittlich – das falsche Produkt oder der falschen Preis wird zur Ablehnung Ihres Labels führen. Finden Sie heraus, wie Ihr Produkt beschaffen sein muss, um die Bedürfnisse Ihrer Kunden zu befriedigen, und welchen Wettbewerbsvorteil Ihnen das verschafft.

Der Modemarkt ist überfüllt und es konkurrieren Tausende Labels weltweit um Absatzmöglichkeiten. Sie benötigen ein Alleinstellungsmerkmal, um in den Markt eindringen und ein rentables Unternehmen aufbauen zu können. Je mehr Zeit Sie damit verbringen, sich andere Labels anzusehen, die schon eine Weile auf dem Markt sind, oder neue, die Furore machen, umso leichter werden Sie feststellen können, wodurch sie so erfolgreich sind.

*Das Label für Damenmode Noir hat sein Produkt erfolgreich auf einen neuen, im Wachstum befindlichen Markt zugeschnitten, der ethisch korrekte Mode mit Designerluxus verbindet (siehe S. 18).*

**Der richtige Preis**

Der Erfolg Ihres Labels hängt auch davon ab, ob Ihre Preise Ihrem Marktsegment angemessen sind. Durch die eingehende Auseinandersetzung mit den Produktlinien Ihrer Mitbewerber sollte es Ihnen gelungen sein festzustellen, nach welchem Muster die Preisbildung erfolgt. Wo liegen ihre niedrigsten, mittleren und höchsten Preise und wie viel von jedem Produkt bieten sie im jeweiligen Preissegment an (siehe Kapitel 9)?

Sie sollten auch eine Vorstellung davon haben, welche Anforderungen an Verzierungen, Verarbeitung und Design zu stellen sind, um das Produkt zu einem bestimmten Preis zu verkaufen. Wenn Ihr Mitbewerber ein bedrucktes Seidentop für 170 € verkauft und das Produkt Ihrem ähnelt, können Sie darauf schließen, dass es für Ihr Angebot in dieser Preislage einen Markt gibt. Prüfen Sie aber genau, ob Ihr Mitbewerber tatsächlich ein erfolgreiches Unternehmen betreibt. Wenn Sie auf seine Website gehen und sehen, dass er seine Produkte über verschiedene Läden vertreibt, geht es ihm wirtschaftlich wahrscheinlich gut.

Die meisten Kunden haben für ein bestimmtes Produkt ein Preislimit. Während ein Designerkleid mit einem Verkaufspreis von bis zu 370 € noch innerhalb dieses Akzeptanzbereiches liegen mag, überschreiten Sie die Schmerzgrenze der Kunden bei 400 € womöglich bereits. Wer hingegen Luxusartikel kauft, könnte 370 € als zu preisgünstig empfinden – das Kleid ist gewissermaßen nicht exklusiv genug. Bieten Sie das richtige Produkt zum richtigen Preis an, das fördert Kundenbindung und Weiterempfehlungen und bringt Ihr Modelabel der Rentabilität einen Schritt näher.

---

*AUFGABE*

**Finden Sie heraus, welches Muster der Preisbildung eines Mitbewerbers zugrunde liegt**
*Stellen Sie fest, welches die niedrigsten, die mittleren und die höchsten Preise sind und erstellen Sie dann eine Liste aller angebotenen Modelle und der jeweiligen Ladenpreise. Wie groß ist der Anteil der Produkte im unteren, mittleren und oberen Preisniveau?*

---

## *Marketing und Öffentlichkeitsarbeit*

Marketing und Öffentlichkeitsarbeit sind von außerordentlicher Bedeutung für die Entwicklung und den Gesamterfolg Ihres Labels (siehe Kapitel 12). Sie müssen wissen, welche Medien Ihre potentiellen Kunden nutzen, also über welche Zeitungen, Zeitschriften und Websites sie sich informieren, und auch wo genau Sie geplante Reklame platzieren sollten, um ihre Aufmerksamkeit zu erregen. Ohne dieses Wissen werden Ihre Werbekampagnen wirkungslos verpuffen. Es wird sich zwar jeder Designer wünschen, einmal in der Vogue zu erscheinen, doch über die Elle könnte Ihr Unternehmen seine Zielkunden vielleicht besser erreichen und gute PR und Werbung eher in tatsächlichen Umsatz verwandeln. Sollte das zutreffen, dann sollten Sie sich eher bemühen, Kontakte zur Redaktion der Elle aufzubauen. Auch ist es möglich, dass Sie viel Zeit und Energie in die Organisation einer Modenschau stecken, um Ihr Label zu bewerben, das Geld jedoch sinnvoller in Fachmessen und Pressetagen angelegt wäre.

Finden Sie gleich zu Beginn heraus, welche Medien Sie ins Visier nehmen müssen. Sie müssen wissen, welche Veröffentlichungen Ihre Zielkunden lesen, um nicht die falschen anzuvisieren. Rufen Sie die Anzeigenabteilung der jeweiligen Publikation an, um sich über die demografischen Merkmale ihrer Leserschaft zu erkundigen. Diese Informationen liegen dort für potentielle Inserenten vor, die sich vergewissern wollen, dass sie den richtigen Verbraucher ansprechen.

## *Vertriebskanäle*

Auf welchen Wegen Ihr Kunde an Ihr Produkt gelangt, hat Einfluss darauf, wie er Ihre Marke wahrnimmt und welches Image er ihr zuschreibt.

Beabsichtigen Sie, über den Einzelhandel, Großhandel oder beide zu verkaufen? Welche Variante Sie auch wählen mögen, Ihre Entscheidung wird maßgeblichen Einfluss auf die Finanzierung Ihres Unternehmens und Ihre Marketing- und PR-Strategie haben. Als Ausgangspunkt für Ihre eigene Vertriebsstrategie empfiehlt es sich zu recherchieren, wie Ihre Mitbewerber sich nach der Gründung verhielten und wie sie ihr Unternehmen entwickelten. Websites geben häufig detailliert Aufschluss über Geschichte und Wachstum des jeweiligen Unternehmens.

*Wo und wie Ihr Produkt dem Verbraucher präsentiert wird, ist von größter Bedeutung.*

Auch hier gilt, dass Sie sich an Ihren Mitbewerbern orientieren können um herauszufinden, welches die besten Absatzkanäle für Ihr Produkt sind. Wenn Sie Ihren Vertrieb über den Großhandel organisieren wollen, werden Sie sich dafür interessieren, auf welchen Messen und in welchen Ausstellungsräumen Ihre Mitbewerber Ihre Kollektionen präsentieren. Nationale Gremien der Modebranche und Messewebsites dienen hier als Informationsquelle. Sie können auch den Websites Ihrer Mitbewerber entnehmen, über welche Fachhändler diese ihre Produkte momentan vertreiben – diese Geschäfte könnten sich auch für Ihre Produkte interessieren. Sollten Sie beabsichtigen, ein Ladengeschäft zu eröffnen, können Sie möglicherweise in unmittelbarer Nachbarschaft Ihrer Mitbewerber, also in der gleichen Straße oder Gegend, von deren Marketing profitieren und aus bereits vorhandenen Passanten einen Kundenstamm aufbauen. Vergewissern Sie sich nur, dass die Konkurrenz nicht zu hart und der potentielle Kundenanteil nicht zu gering ist.

=================================================

### *AUFGABE*

#### Fertigen Sie eine Liste potentieller Fachhändler an
*Besuchen Sie Läden, an die Sie gern verkaufen würden, und legen Sie zehn Mitbewerber fest, neben deren Produkten Sie Ihr eigenes gern sehen würden. Gehen Sie auf Ihre Websites um herauszufinden, über welche Fachhändler sie momentan verkaufen. Recherchieren Sie zu den Fachhändlern um festzustellen, welche anderen Marken sie verkaufen. Besuchen Sie dann die Websites dieser Marken, um zu entscheiden, ob deren jeweiliges Produkt sich mit Ihrem ergänzen würde. Ist das der Fall, schauen Sie sich deren Fachhändlerliste an. Fahren Sie nun so lange fort, die Querverweise zwischen Fachhändlern und Marken zu studieren, bis Sie eine ansehnliche Liste zusammengetragen haben, die Sie für Öffentlichkeitsarbeit und Marketing für Ihre erste Kollektion verwenden können.*

=================================================

## *Finden Sie den richtigen Standort*

Ein guter Standort ist die wichtigste Grundlage für den Erfolg eines Einzelhandelsgeschäfts. Entscheiden Sie ganz in Ruhe, welches der beste Standort zur Maximierung Ihres Verkaufspotentials ist: Haupteinkaufsstraße, Einkaufszentrum, freistehend, Website, Märkte oder Home-Shopping-Partys (siehe Kapitel 11).

*Der richtige Standort ist entscheidend für Ihren Laden.*

## *Checkliste für ein Ladengeschäft*

### *Demografische Faktoren*
Handelt es sich hauptsächlich um ein Wohn- oder ein Gewerbegebiet? Sind die Einkommen in dieser Gegend eher hoch oder niedrig? Wie ist der durchschnittliche Einkäufer zu beschreiben?

### *Informationen zu Markttrends*
Wie progressiv ist die Gemeinde? Fördert sie unternehmerische Tätigkeiten? Ist sie Veränderungen gegenüber aufgeschlossen? Sind die Geschäfte am Abend oder am Wochenende geöffnet? Wie viele Geschäfte haben innerhalb des letzten Jahres eröffnet und wieder geschlossen? Welches sind die Hauptarbeitgeber am Ort? Wie groß ist das voraussichtliche Wachstum in der Umgebung Ihres potentiellen Standorts? Welche Konjunkturentwicklung ist in der Gemeinde zu erkennen?

### *Informationen zur Konkurrenz*
Nehmen Sie einen Stadtplan zur Hand, machen Sie an den Standorten der Mitbewerber ein Kreuz. Kreisen Sie die besten potentiellen Standorte ein. Fertigen Sie eine Analyse Ihrer Mitbewerber an. Machen sie momentan irgendwelche Werbung?

### *Verkehr und Erreichbarkeit*
- *Entfernung zu den Wohngebieten*
- *Entfernung zu Gewerbegebieten*
- *Verfügbarkeit von Parkplätzen*
- *Verkehrsstaus*
- *Anbindung an öffentliche Verkehrsmittel*
- *Beste Straßenseite*
- *Standort innerhalb der Straße*
- *Passende angrenzende Gewerbe*

### *Wann wird eingekauft?*
- *Wochentag*
- *Tageszeit*
- *Woche innerhalb des Monats*
- *Jahreszeit*
- *Wetterbedingungen*

### *Kostenerwägungen*
- *Miete*
- *Nebenkosten*
- *Ausstattung*
- *Sonstiges*
- *Malerarbeiten*
- *Sicherheit*
- *Versicherung*

### *Mietbedingungen*
- *Vertragsdauer*
- *Möglichkeit, Objekt zu kaufen*
- *Beschreibung der Räumlichkeiten*
- *Regelungen für das Anbringen von Schildern*
- *Notwendige Versicherungen*
- *Regelungen hinsichtlich Untervermietung*
- *Verlängerungsmöglichkeiten*
- *Höhe der Miete und Fälligkeit*
- *Umbaubeschränkungen*
- *Aufgaben des Vermieters*
- *Status des Mieters bei Verkauf*

# Fallstudie: Anne Fontaine

Anne Fontaine gründete ihr Label für Damenmode Anne Fontaine 1993 in Paris, im Alter von 22 Jahren. Sie wird auch häufig als „die Königin der weißen Blusen" bezeichnet. Durch rasantes Wachstum ihres Unternehmens in den vergangenen 15 Jahren entwickelte sich aus ihrer ersten, 1994 in Paris eröffneten Boutique ein globales Imperium mit internationalem Renommee und Läden in diversen Großstädten, darunter in New York (Madison Avenue, 2000 eröffnet), Shanghai (2005 eröffnet) und Tokio (2006 eröffnet).

Anne und ihr Ehemann und Geschäftspartner Ari Zlotkin rückten von Anfang an die Kernkonzepte „Schlichtheit, Innovation und Unabhängigkeit" ins Zentrum ihres Unternehmens, mit dem Ziel, einer weiblichen Kundschaft „eine große Vision von modernem Luxus" zu bieten. Diese Vision bildet nach wie vor das Herzstück des Unternehmens. Im Jahr 2004 waren die Umsätze auf 88 Mio. Euro gestiegen, es gab 400 Angestellte und die Produkte wurden in 65 Verkaufsstellen in 14 Ländern weltweit verkauft.

Obwohl sie keine moderelevante Ausbildung genossen hatte, fiel Annes Kreativität sehr früh auf, da sie schon in jungen Jahren ihre eigene Kleidung schneiderte. Während einer Reise durch das Zentrum des Amazonas-Regenwaldes entdeckte sie ihre Liebe zu Naturmaterialien und ihren Vorzügen – die Basis der Marke Anne Fontaine war gelegt. Doch erst als sie zufällig auf ein altes weißes Shirt stieß, entstand in ihr die Vorstellung von „einem Ort, an dem jede Frau so ein einfaches Shirt oder eine Bluse oder ein Cache-Coeur (Crossover-Top) finden würde – die Grundausstattung eines jeden Kleiderschranks – ein Ort, an dem es ihr möglich sein würde, einen modischen Blickwinkel zu wählen, der ihrer Stimmung entspricht". Diese Erfahrung wirkte als Katalysator, der das Unternehmen auf den Weg brachte.

Anne trat an Ari mit der Idee heran, die erste Kollektion zu entwerfen, die nur aus weißen Damenblusen bestehen würde. In dieser ersten Saison wurden auf der Basis ihres anfänglichen Konzepts über 500 Modelle entwickelt, die für die allererste Anne-Fontaine-Kollektion dann auf eine kleinere Auswahl reduziert wurden. Annes Erfahrungen im Regenwald und ein tief in ihr sitzendes Umweltbewusstsein hatten sie mit dem breiten Spektrum an Naturfasern in Kontakt gebracht, die sie nun im Rahmen eines so einfachen Konzeptes wie dem, der „weißen Bluse" in unzähligen Varianten für ihre Kundinnen einsetzen konnte.

Es nahm alles seinen Anfang mit Popeline, Piqué und Organdy und umfasste bald auch Leinen, Spitze und viele andere neue Naturfasern, die Anne in jeder Saison entdeckte. „Die Fasern dienen mir als Inspirationsquelle, nicht nur durch ihre spezifische Form, sondern auch durch ihre besonderen Eigenschaften, die darüber entscheiden, wie sie sich auf der Haut anfühlen."

Nach der Auswahl der Stoffe folgte die Entwicklung der charakteristischen Details ihrer Entwürfe: Doppelkragen, gestickte Blumen, Spitzenbesatz oder Vertiges, und damit meint Anne „ganz individuelle Rüschendetails, die in diversen Varianten in jeder Kollektion auftauchen." Schließlich versucht Anne, ihren Kundinnen „Stil" zu bieten, worin sie auch den Schlüssel zu ihrem Erfolg sieht. Mit dem richtigen Schnitt und dem gekonnten Umgang mit Stoffen ist es ihr gelungen, der Trägerin „eine zweite Haut" zu bieten, „ein vertrautes und verlässliches Kleidungsstück, das eine natürliche und spontane Eleganz garantiert, die nur daher rühren kann, dass es sich für die Trägerin atmungsaktiv anfühlt."

Auch Bequemlichkeit und Funktionalität sind wichtige Ziele ihrer Entwürfe, und in jeder Saison sucht sie nach „neuen Formen der Eleganz im Einklang mit verschiedensten Persönlichkeiten und Anlässen." Während kontinuierlich neue Ideen entstehen, bleibt der Ablauf doch der gleiche wie am Anfang, denn noch immer werden zweimal jährlich 500 neue Entwürfe zur näheren Prüfung vorgeschlagen. „Es ist noch genauso schwierig zu entscheiden, welche davon die 100 ausgewählten Modelle sein werden, die den US-amerikanischen, japanischen, chinesischen oder französischen Kunden in den Läden in Paris, New York oder Tokio präsentiert werden."

Nach wie vor bilden Produkt und Vision das Herz der Marke Anne Fontaine, doch die Vorzüge der Materialien, die Anne als so maßgeblich für den Erfolg ihrer Kleidungskollektion beschreibt, sind nicht auf die Kleidung allein beschränkt. Sie ließ sich durch ihre Erlebnisse am Amazonas inspirieren und entwickelte den Wellnessbereich Anne Fontaine Spa. Auf diese Art möchte sie zugänglich machen, was sie als „die therapeutischen Vorzüge dieser Schätze der Natur" erlebte. Baumwolle, Seide und wilder Bambus bilden die Kernelemente der typischen Anwendungen im Spa Anne Fontaine und begründen seine Exklusivität."

Zwölf Jahre nach Eröffnung der ersten Anne-Fontaine-Boutique in Paris eröffnete 2006 der neue Standort in der Rue Saint Honoré. Hier ist es Anne erstmals möglich, ihre vollständige Vision für die Marke zu präsentieren, indem sie eine Boutique mit einem Wellnessbereich vereint.

*Die Anne-Fontaine-Boutique in der Pariser Rue Saint Honoré eröffnete 2006. Die Boutique bietet Anne erstmals die Möglichkeit, ihr vollständiges Konzept für die Marke zu präsentieren, denn das Anne-Fontaine-Spa und die für sie so typischen weißen Blusen sind unter einem Dach zu finden.*

Kapitel 8: Trends verstehen

*T*rends spielen eine wichtige Rolle in der Modewelt, Sie müssen verstehen, wie sie wirken und wie Sie sie am besten zu Ihrem Vorteil nutzen können. Sie sollten herausfinden, wie sehr Ihre Kunden unter dem Einfluss bestimmter Trends stehen. Da Sie dank Ihrer ersten Recherchen die Gelegenheit hatten, sich ein Bild von Ihrem potentiellen Kunden zu machen, sollte es möglich sein festzustellen, ob er sich nach Trends richtet. Sie sollten Ihr Produkt dementsprechend ausrichten. Der Erfolg Ihres Produktes hängt von Ihrer Fähigkeit ab, den Bedarf Ihrer Kunden zu decken. In diesem Kapitel erfahren Sie, wie Sie erkennen können, was Ihre Kunden eigentlich wollen und wie sie von Trends beeinflusst werden.

## Was ist ein Modetrend?

Einen Modetrend kann man als die Richtung der Mode über einen bestimmten Zeitraum hinweg definieren. Was in der Mode in einer Saison angesagt ist, kann in der nächsten schon wieder „out". Bei Modetrends dreht sich immer alles um den „letzten Schrei". Schon seit einer ganzen Weile bedeutet „letzter Schrei", dass das jeweilige Phänomen eine Zeitlang nicht oder kaum vertreten war auf dem Markt und von Designern oder dem Einzelhandel wieder eingeführt wird. Wirklich neu ist es womöglich für die Verbrauchergeneration, die den Trend beim ersten Mal verpasste.

Trends sind nicht unbedingt saisongebunden. In den 1990ern setzte beispielsweise der Trend ein, sich am Arbeitsplatz legerer zu kleiden, und dauert bis in die Gegenwart an. Andere Trends wiederum überschwemmen die Läden, werden nur für begrenzte Zeit getragen und verschwinden dann genauso schnell wieder. Diese unterschiedliche Lebensdauer von Trends wird als „Modezyklus" bezeichnet. Den Zyklus eines Modetrends bestimmen zwei Faktoren: die Anzahl der Leute, die ihn annehmen (Übernehmer), und wie lange es vom ersten Auftreten des Trends bis zu seinem Aussterben dauert. Damit etwas Mode wird, muss es vom Verbraucher angenommen werden. Ein Designer oder ein Einzelhändler kann zwar für einen bestimmten Stil die Werbetrommel rühren, doch wenn er sich nicht verkauft und nicht getragen wird, entsteht auch kein Trend.

### Verschiedene Trendkategorien
Innerhalb des Modezyklus lassen sich verschiedene Trendkategorien identifizieren, wenn man die Lebensdauer des Trends und die Geschwindigkeit des Aufstiegs und Abfalls des Akzeptanzzeitraums betrachtet. Beispiele für einige wesentliche Kategorien im Modezyklus sind:

### Klassiker
Ein Stil, der sich schon länger als erwartet hält. Einzelhändler verkaufen Klassiker Saison für Saison. Hierzu zählen das weiße Shirt, der Trenchcoat und das kleine Schwarze. Dieser Stil stirbt nie wirklich aus.

*Street-Look in Tokio*

### Modeerscheinungen

Hierbei handelt es sich um die Produkte, die sehr schnell wieder aus den Regalen verschwinden. Sie erregen erst eine Menge Aufsehen und lösen sich dann genauso schnell in Luft auf. Modeerscheinungen haben zwar einen kurzen Lebenszyklus, schlauen Designern und Einzelhändlern gelingt es aber dennoch, Kapital aus ihnen zu schlagen, indem sie Kunden und Presse damit bei der Stange halten.

### Zyklen innerhalb der Zyklen

Erfolgreiche Designer schaffen es, so mit Designelementen (wie Farbe, Textur und Silhouette) zu spielen, dass sie einem bereits populären Produkt etwas „Neues", Frisches verleihen und seine Lebensdauer verlängern. Ein hervorragendes Beispiel dafür ist das kleine Schwarze, das zum absoluten Muss im Kleiderschrank einer jeden modebewussten Frau geworden ist. Es wird immer wieder auf den neuesten Stand gebracht.

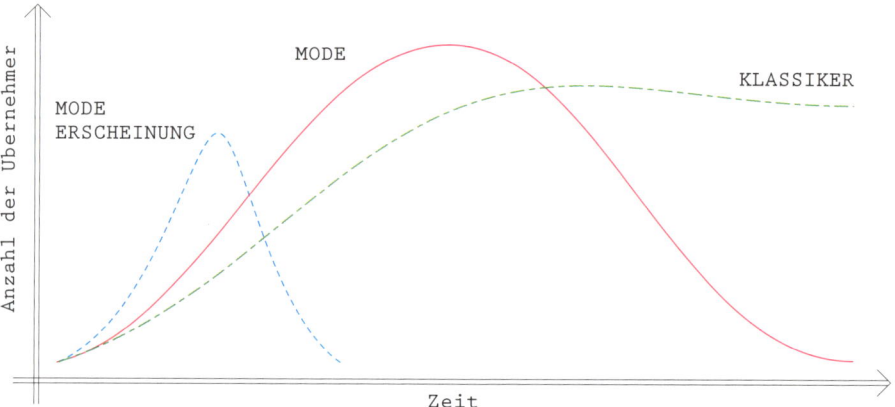

Eine bestimmte Mode wird als Klassiker oder Modeerscheinung eingeordnet, indem man prüft, wie schnell sie die sechs Phasen des Lebenszyklus der Mode durchläuft (s. S. 84). Während es möglich ist, dass eine Modeerscheinung alle sechs Phasen in einer einzigen Saison absolviert, erreicht ein Klassiker die sechste Phase unter Umständen nie und fällt nur eine Zeitlang ab, bevor er wiederbelebt wird.

*Das kleine Schwarze ist ein Klassiker, der immer wieder aufgegriffen und von Designern häufig auf den neuesten Stand gebracht wird.*

*Phasen des Lebenszyklus der Mode*

==================================================

1. **Einführung:** Modische Meinungsführer zahlen hohe Preise für einen neuen Stil.
2. **Wachstum:** Leute beginnen zunehmend, den Stil im Großen und Ganzen zu übernehmen.
3. **Reife:** Der Stil wird von vielen Einzelhändlern kopiert und von Modebewussten übernommen.
4. **Sättigung:** Der Stil erreicht sein maximales Verkaufspotential und ist überall zu sehen.
5. **Degeneration:** Der Umsatz sinkt, während neue Trends auftauchen; der Einzelhandel senkt die Preise und beginnt, den Stil durch einen aktuelleren Trend zu ersetzen.
6. **Veralten:** Der Stil ist nicht mehr zu sehen.

==================================================

## Meinungsführer und Herdentiere

Es sind zwar die modischen Meinungsführer, die einen neuen Stil vorantreiben, doch letztendlich sind es die „Herdentiere", die ihm Legitimation verschaffen.

### Verbreitung von Innovationen

Everett Rogers formulierte 1962 in seinem Buch „Diffusion of innovations" seine Theorie von der Ausbreitung von Innovationen. Er stellte die These auf, dass diejenigen, die eine neue Innovation annehmen, eingeteilt werden können in Innovatoren (2,5%), frühe Übernehmer (13,5%), frühe Mehrheit (34%), späte Mehrheit (34%) und Nachzügler (16%). Seiner Theorie zufolge hängt die Bereitschaft und Fähigkeit jeder dieser Gruppen, eine Innovation anzunehmen, von Kenntnisnahme, Interesse, Urteil und Erprobung ab. Obwohl diese Theorie stellenweise zu sehr vereinfacht, trägt sie doch viel dazu bei, die Hauptfaktoren und -gründe zu definieren, die beim Übernehmen eines Trends eine Rolle spielen. Nachfolgend einige wichtige Charakteristika einer jeden Gruppe:

### *Modische Meinungsführer*

Sie sind die Ersten, die einen neuen Stil gegenüber anderen Verbrauchern kommunizieren. Nicht immer bringen sie andere Leute dazu, den Stil zu mögen, doch sie machen auf ihn aufmerksam, machen ihn erstmals sichtbar und rücken ihn ins Blickfeld der Öffentlichkeit. Sie fühlen sich sozial sicherer als andere und haben ein größeres Interesse an Mode.

### *Frühe Übernehmer*

Frühe Übernehmer legitimieren einen Stil für die „Herdentiere" in der Mode (Fashion Followers). Sie beeinflussen Mitglieder ihrer sozialen Gruppe, halten sich aber an die Normen der Gruppe. Es ist auch möglich, dass sie eine etwas modifizierte oder abgeschwächte Variante eines Stils übernehmen, nachdem Innovatoren bereits die Aufmerksamkeit anderer auf sich gezogen haben. Frühe Übernehmer leisten einen bedeutenden Beitrag zum Mainstreaming von Trends.

### *Frühe Mehrheit*

Die frühe Mehrheit kauft wohlüberlegt ein und orientiert sich an den Modebewussteren. Sie steht unter dem Einfluss von Werbung und Medien, ist aber vor allem dadurch motiviert, dass sie gut aussehen will, um in ihre Umgebung zu passen.

### Späte Mehrheit

Angehörige der späten Mehrheit sehen die „neuesten" Modetrends skeptischer und brauchen länger, um überzeugt zu werden. Sie wollen aber als zur Gruppe gehörig gelten und folgen deshalb der Masse. Ihr Geschmack ist häufig traditioneller und viele von ihnen haben einen niedrigeren sozioökonomischen Status.

### Nachzügler

Nachzügler richten sich nach Nachbarn und Freunden. Sie möchten bequeme und unkomplizierte Kleidung und interessieren sich nicht für Trends. Sie haben darüber hinaus Angst sich zu verschulden und sind deshalb diejenigen, die am wenigsten zu Spontankäufen neigen.

Die ersten beiden Gruppen werden oft als Erneuerer oder als „Change Agents" bzw. „innovative Kommunikatoren" definiert – sie sind diejenigen, die die Mode vorantreiben. All jene in den anderen Gruppen sind „Fashion Followers", also Herdentiere, und tendieren dazu, sich an anderen zu orientieren. Stellt man Rogers' Diffusionstheorie in einer Kurve dar, ergibt sich das folgende Bild:

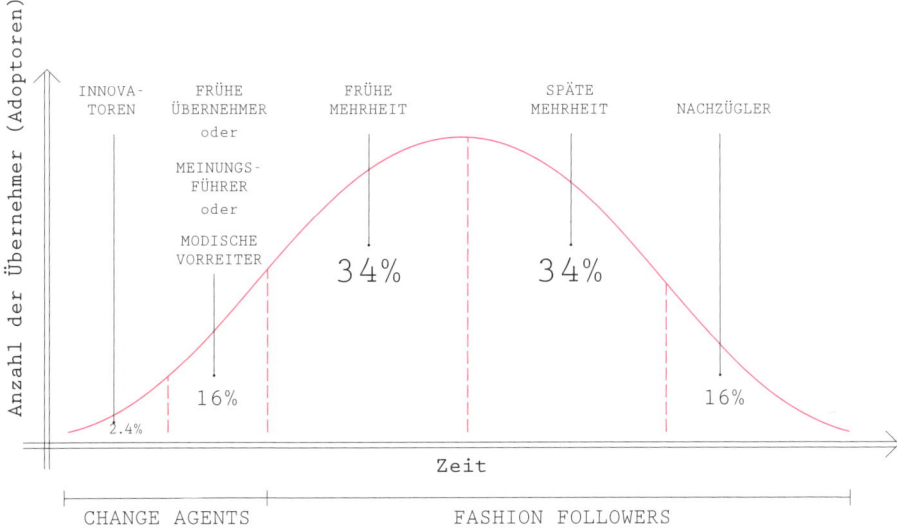

In jeder dieser Phasen ist ein Markt vorhanden. Die Verbraucher in den größten Marktsegmenten gelten als Herdentiere. Sie müssen deshalb entscheiden, welchem Segment Ihr Idealkunde zuzuordnen ist, und Ihre Produktlinie darauf ausrichten. Rogers schlug außerdem ein Modell für die Ausbreitung einer Innovation vor, das aus fünf Phasen besteht. Seine These lautete, dass alle Übernehmer alle diese Phasen durchlaufen, bevor sie schließlich entscheiden, ob sie die Innovation annehmen.

1 **Kenntnisnahme:** von Existenz und Zweck einer Innovation Kenntnis erlangen

2 **Meinungsbildung:** vom Wert der Innovation überzeugt werden

3 **Entscheidung:** für die Übernahme der Innovation

4 **Implementierung:** die Anwendung der Innovation

5 **Bewertung:** die endgültige Akzeptanz (oder Ablehnung) der Innovation

Wenn Sie sich für einen innovativen Designer halten und hoffen, neue Trends anzustoßen, werden Sie mit Ihrem Marketing und Ihrer Öffentlichkeitsarbeit alles daransetzen müssen, den Kunden durch diese fünf Phasen zu bekommen. Viele hervorragende junge Designer rücken noch nicht einmal genügend in den Blickpunkt der Öffentlichkeit, um den Verbraucher wissen zu lassen, dass ihr Produkt überhaupt existiert, geschweige denn um ihm die Chance zu geben, es zu erwerben und die Bestätigung des Looks zu erreichen. Der Laufsteg bietet sich normalerweise für solches Design an und Sie müssen die Modepresse ins Visier nehmen, damit man Ihnen die so notwendige erste Beachtung schenkt.

## Vergleich charakteristischer Merkmale von Innovatoren und frühen Übernehmern/Mainstream

| Innovatoren | Frühe Übernehmer/Mainstream |
|---|---|
| kreativ | wollen Unterhaltung, konsumieren |
| Teilnehmer | Beobachter, haben nur davon gelesen |
| risikofreudig | wollen dazugehören |
| entwickeln eigene Identität | Behaglichkeit des Massenmarkts, definieren sich über die Medien |
| ungewöhnlich leidenschaftlich | wollen Sicherheit, nicht auffallen, der Masse folgen |
| interessiert an Veränderung und Neuem | schätzen Bequemlichkeit und Stabilität, nicht allzu kritisch |

## Haute Couture und Massenmode

- Haute-Couture-Mode wird von Designern und exklusiven Läden hervorgebracht.
- Modische Meinungsführer kaufen sie, wenn sie auf dem Markt eingeführt wird und während der Wachstumsphase.
- Diese Sachen sind zwar teuer, aber es ist die Exklusivität, nach der sich die Meinungsführer sehnen.

---

- Massenmode wird industriell gefertigt, auch von Einzelhändlern. In vielen Preisniveaus erhältlich.
- Fashion Followers tragen Massenmode.
- Nachzügler wollen preiswert kaufen, sie kaufen spät.

## Wodurch werden Modetrends beeinflusst?

Verschiedene Faktoren beeinflussen Saison für Saison und Jahrzehnt für Jahrzehnt Modetrends. Dazu zählen: Technik, wirtschaftliche Bedingungen, gesellschaftliche Bedingungen, Medien, Prominente und sozialer Druck.

Designer werden andererseits von ihrer Umgebung und aktuellen Ereignissen beeinflusst. Eine große Rolle beim Entstehen von Entwürfen spielen Stimmungen und Gefühle. Oft stehen verschiedene Designer unter dem Einfluss der gleichen Faktoren, was sich in ihren Entwürfen niederschlägt. In Zeiten, in denen Unsicherheit

*Einzelhändler testen mit einem Testprodukt häufig erst, wie Kunden auf einen neuen Trend reagieren, bevor sie einen großen Teil ihres Budgets hineinstecken.*

dominiert, zeigt sich häufig mehr Struktur und Schneiderhandwerk in gedeckten Farben auf den Laufstegen. Wenn jedoch wieder ein Aufwärtstrend zu erkennen ist, kann es sein, dass lebhafte Farben in Kombination mit fließenden Schnitten und Stoffen ins Rampenlicht drängen.

Trends können sich verlässlich und vorhersagbar anbahnen – indem sie ein Produkt der letzten Saison aufgreifen oder als Gegenreaktion zu einem bereits gesättigten Trend. Designer und Einzelhändler können aber auch zögerlich an die Einführung eines neuen Trends herangehen. Etwa, indem sie irgendein Produkt in ihren Läden präsentieren, um die Reaktion der Kunden darauf zu testen, bevor sie ihr Geld in die aufwendige Produktion stecken. Das bezeichnet man als „Testballon". Wird das Produkt nicht gut angenommen, verschwindet es aus dem Laden und wird nicht zum Trend.

## Theorien zur Ausbreitung von Mode

Es wurden verschiedene Theorien zu der Frage aufgestellt, wie Mode sich ausbreitet:

### Trickle-down-Theorie

Die Mode sickert von oben nach unten durch. Ganz oben befinden sich die Modeikonen und Modegurus. Der Einzelhandel und die Verbraucher beobachten, was auf den Laufstegen vor sich geht und was die Prominenten tragen und passen die Trends ihrem Markt bzw. Lebensstil an.

Angehörige der Königshäuser (Prinzessin Diana) und Prominente (David Beckham, Paris Hilton) können zu Modeikonen werden, einen bestimmten Stil für die Allgemeinheit legitimieren und gewaltigen Einfluss auf den Umsatz ausüben. Das ist einer der Gründe dafür, dass sich viele Designer große Mühe geben, die ganz Prominenten dazu zu bringen, ihr Produkt zu tragen. Ein einziges Foto des richtigen Promis verkauft sich teilweise an diverse internationale Zeitungen, so dass ihr Produkt und Label sofort im weltweiten Rampenlicht stehen (siehe Kapitel 12).

### Trickle-across-Theorie

Mode breitet sich horizontal aus, sowohl innerhalb einzelner Gruppen als auch zwischen diesen Gruppen. Jede gesellschaftliche Schicht verfügt über ihre eigenen Meinungsführer, an denen sie sich orientiert um herauszufinden, was akzeptabel ist und was nicht. Das reicht von der jungen Führungskraft, die Verhalten und Kleidung am Vorgesetzten ausrichtet, bis hin zu einer Gruppe von Freunden, in der einer als Trendsetter fungiert. Die meisten von uns wollen sich einfügen, also sind wir nicht die Ersten, die einen neuen Look übernehmen. Wir müssen den Trend erst einmal in unserem Umfeld bestätigt sehen. Andererseits wollen wir auch nicht die Letzten sein, die ihn nachahmen, da wir sonst nicht zur Masse passen. Letztendlich diktiert unser Bedürfnis uns einzufügen, ob und wann wir bestimmte Trends übernehmen.

### Trickle-up-Theorie

Trends, die ihren Ursprung in Subkulturen haben, breiten sich häufig nach oben in den Mainstream aus. Sowohl großen Einzelhändlern als auch Designern im High-End-Segment dient die Straßenkultur regelmäßig als Inspirationsquelle. Etwa im Falle Mode der US-amerikanischen Hip-Hop-Kultur, die über den Einzelhandel weltweit zum Mainstream wurde und es sogar bis auf die Laufstege in London, Paris, New York und Mailand schaffte.

Trends können aufwärts, horizontal oder abwärts zu Ihrem Zielkunden durchsickern. Je intensiver Sie verfolgen, was auf den Laufstegen, auf der Straße und in Ihrem eigenen Freundeskreis passiert, umso leichter wird es Ihnen fallen, potentielle Trends zu erkennen. Zwar geben sich viele Designer keine besonders große Mühe, einen Trend vorherzusagen, doch ihre fortwährende Suche nach Inspiration bedeutet häufig, dass sie Saison für Saison trotzdem dicht am Trend sind.

### Medieneinflüsse auf Trends

Die Medien haben sehr großen Einfluss darauf, was im Trend oder „out" ist. Modemacher und Einzelhändler bieten durch die Kollektionen der Saison Leitmotive an, in Form verschiedener Stile, die so viele Käufer wie möglich ansprechen sollen. Leitmotive ziehen sich durch die Kollektionen verschiedener Designer, da Designer und Stofffabrikanten so weit im Voraus agieren müssen, dass sie nach einem kreativen Schema arbeiten. Durch die Auswertung bisheriger Trends und unter Einbeziehung der gegenwärtigen Stimmung und Umgebung können Designer, wenn auch häufig unterbewusst, vorhersagen, in welche Richtung der Markt sich bewegen oder gar zurückkehren wird.

Modejournalisten, die in jeder Saison Hunderte Modenschauen und Lookbooks sehen, teilen die Arbeiten der Designer in Gruppen ein, um für den Leser verständlich darüber berichten zu können. Das heißt, sie konzentrieren sich auf die wichtigen Teile und Leitmotive, die innerhalb der Kollektion genügend auffallen, um ihre Aufmerksamkeit zu erregen. Auch Einkäufer der Boutiquen und Warenhäuser registrieren die Trends und überlegen, welche davon wohl Anklang bei ihren Kunden finden werden. Kunden lesen von dem, was angesagt ist und dem, was als „out" gilt – wenn die neuen Stile und Trends in der Modepresse erscheinen, entsteht eine Nachfrage, und die Boutiquen und Warenhäuser, die ja bereits darauf eingestellt sind, können die vielgelobten ausgewählten Kleidungsstücke verkaufen.

## *Wie sehr sollten Sie sich nach Trends richten?*

Das hängt von Ihren Zielkunden ab. Sie können entscheiden, dass Sie sich nicht auf Kosten Ihres Unternehmens zum Sklaven der Trends machen wollen und sich eher darauf konzentrieren, eine ganz eigene Note zu entwickeln, die Ihre Kunden jede Saison aufs Neue reizen wird (siehe Kapitel 9).

Es ist schwer, hinsichtlich der Trends mit den größeren Labels und Einzelhandelsketten mitzuhalten. Einzelhandelsketten decken in jeder Saison mehrere Trends ab. Sie können sich in Sicherheit wiegen, da sich, wenn sich einer der Trends einmal nicht so gut wie erwartet verkauft, zumindest mit den anderen Geld machen lässt. Wenn Sie hingegen alles auf eine Karte setzen und dann feststellen, dass der Trend der Saison nicht der ist, für den Sie sich entschieden haben, wird das verheerende Auswirkungen auf Ihren Umsatz haben.

Wenn Sie in Ihre Kollektion jedoch geschickt trendige Elemente einfließen lassen, wie Farbe, Material, Größe und Formgebung, und gleichzeitig die Identität Ihres Labels bewahren, kann das Ihr Produkt nach vorn bringen. Mit dem Trend zu gehen kann auch dabei helfen, die Aufmerksamkeit der Modemagazine auf sich zu ziehen, da diese ihren Lesern die neuesten Stile präsentieren müssen.

Sie könnten in jeder Saison einen bestimmten Anteil Ihrer Kollektion für Experimente mit Trends vorsehen. Damit hätten Sie die Freiheit, neue und aufregende Ideen zu entwickeln während Sie den Rest der Kollektion auf Ihren bereits bekannten, bewährten Entwürfen aufbauen.

*Wenn Designer eine Kollektion entwickeln, lassen sie oft Trendelemente der jeweiligen Saison einfließen (Weste, Oversize-Shirt, Röhrenhose) und bieten gleichzeitig ihre klassischeren Teile an (Wickelkleid).*

Je nachdem, wo innerhalb des Schemas der Diffusion von Innovationen (siehe S. 84) Ihr Kunde sich befindet, stellen Sie womöglich auch fest, dass es Ihrem Umsatz sogar zuträglicher ist, nicht mit dem Trend zu gehen. Mainstreamer kaufen nämlich nicht unbedingt sofort, was einem neuen Trend entspricht, sondern brauchen noch ein oder zwei Saisons, um sich wirklich sicher zu sein. Und selbst wenn sie den Stil annehmen, dann häufig doch nur in abgeschwächter Form. Es ist daher zwingend notwendig, dass Sie die Erwartungen Ihrer Kunden kennen und Ihr Produkt danach ausrichten.

Designer im High-End-Segment tragen oft dazu bei, die Trends für die kommenden Saisons zu setzen. Wenn Sie Ihr Label in diesem Bereich anzusiedeln gedenken, sollten Sie also eher Ihrer eigenen Vision treu bleiben als sich nach anderen richten. Sie müssen sich große Mühe geben, die Presse und die Verbraucher davon zu überzeugen, dass Ihre Vision es wert ist, ihr Beachtung zu schenken. Haben Sie das erreicht, werden Sie feststellen, dass man Sie aufmerksam beobachtet, um Hinweise für die nächste Saison abzuleiten. Bis es so weit ist, entwickeln Sie aber unter Umständen innovative Entwürfe, die niemand tragen will.

Entscheiden Sie gleich zu Beginn, wo innerhalb des Trendschemas Ihr Kunde Ihrer Meinung nach anzusiedeln ist, und prüfen Sie, wie stark Ihre Mitbewerber von Trends beeinflusst sind. Möglicherweise legen beide mehr Wert auf gutes, wohldurchdachtes Design.

## *AUFGABE*

*Gehen Sie durch Ihr örtliches Geschäftsviertel und sehen Sie sich die Schaufenster an. Suchen Sie nach Leitmotiven, die sich durch die ausgestellten Produkte ziehen. Vergessen Sie nicht, Farben, Materialien und Stil der Accessoires und Kleidungsstücke zu registrieren.*

# Fallbeispiel: Schumacher

Dorothee Schumacher gründete Schumacher 1989, im Alter von 24 Jahren. Das deutsche Label begann mit fünf besonderen Teilen und wuchs zu einer Marke internationalen Ranges, die für hochwertige, anspruchsvolle und doch zeitgemäße Damenmode steht. Die Preise bewegen sich zwischen 69 € für ein einfaches Shirt und 399 € für ein Kleid sowie 1.200 € für Highlights der Kollektion. Es war schon immer Dorothees Ziel, Schumacher in den international besten Schaufenstern zu präsentieren, Wand an Wand mit Namen wie Chanel und Hermès. Noch heute, 20 Jahre später, ist das der Kern der Schumacher-Verkaufsstrategie. Das Label zeigte seine wichtigsten Teile zu Beginn auf der Collection Première Düsseldorf, einer der wichtigsten Modemessen weltweit. Nach dem Anfangserfolg in Deutschland wuchs in der Schweiz und in Österreich das Interesse am Label und der weltweite Erfolg schloss sich direkt an. Dabei ist Schumacher noch immer ein Familienunternehmen.

Dorothee wusste schon früh, was sie erreichen wollte. Da das Flair der Modebranche sie faszinierte, ging sie nach Italien und Frankreich, um das Textilhandwerk zu erlernen. Sie arbeitete für diverse namhafte Marken, beobachtete und lernte dazu, um schließlich ihren eigenen, einzigartigen Stil zu entwickeln, der den Grundstein für die Markteinführung ihres eigenen Labels legte.

Das Produkt hatte für Dorothee schon immer oberste Priorität. Am Anfang entwarf sie ein T-Shirt, das „anders war als alle anderen – smart, feminin und voll Power." Dorothee ist überzeugt, „eine typische Schumacher-Frau weiß ihren weiblichen Charme für sich zu nutzen, ohne der männlichen Art sich zu kleiden nachzueifern" und dass es eben dieses Verständnis für die Wünsche ihrer Kundinnen ist, das im Zusammenspiel mit ihrer Kreativität zum direkten Erfolg ihrer ersten und der folgenden Kollektionen führte. Ausgesprochen wichtig für jedes neue Label sind Dorothee zufolge „ein sehr ausgeprägtes Stilgefühl, ein intuitives Gefühl für aufkommende Trends, Zuversicht und Überzeugung und natürlich die perfekte Balance zwischen den Bedürfnissen der Kunden und der Treue zu den eigenen Ideen." Während die Schumacher-Kollektion zu Beginn aus nur fünf Teilen bestand, deckt sie nun das komplette Sortiment ab, von Mänteln, Kleidern, Strickwaren und T-Shirts bis hin zu Accessoires.

Um sicherzustellen, dass Dorothees großes Sortiment eingehender Prüfung eines jeden Teiles standhält, wird dem Produktionsprozess und -ort große Bedeutung beigemessen: „In den ersten Jahren ließen wir ausschließlich in Italien und Deutschland fertigen, doch 1996/97 begannen wir, Länder ausfindig zu machen, die in bestimmten Bereichen über das höchste Know-how verfügen – das sind in Indien Stickereien, in Italien Kaschmir, in Frankreich Spitze. So können wir jederzeit die beste Qualität gewährleisten." Auf diese Weise bleibt „das Produkt das Herzstück unserer Strategie und steht für die Philosophie und Authentizität der Marke Schumacher." Das heißt auch, dass „das Schumacher-Produkt durch die Liebe und Arbeit, die in ihm stecken, anderen Luxusprodukten im High-End-Segment in nichts nachsteht."

Zwar ist die richtige Preisgestaltung offensichtlich ein wichtiger Faktor für die Entwicklung eines Labels, doch Dorothee hält ihn nicht für den wichtigsten. „Wenn ein Kunde ‚das' Teil findet, ist er immer bereit dafür zu zahlen", deshalb ordnet sie den Preis hinter Produkt und Produktplatzierung ein. Das Label wird mittels einer umfassenden Marketingstrategie beworben, die sich auf das Herzstück der Marke Schumacher konzentriert. „All unsere Verpackungen, Geschenke und wesentlichen Ladenelemente sind einzigartig. Die Kundin erwirbt nicht nur ein Kleidungsstück, sondern einen vollständigen Stil und die ihm zugrundeliegende Philosophie. In allem steckt Liebe und Hingabe. Schumacher arbeitet nach dem Prinzip der Mundpropaganda, deswegen sind wir entschieden gegen Reklame und Lizenzvergabe." Sie unterhalten in ihrer Zentrale ihre eigene PR-Abteilung, arbeiten jedoch zusätzlich mit externen Agenturen für die internationale PR zusammen.

Dorothee gesteht ein, dass es beim Betreiben eines eigenen Labels auch zu Enttäuschungen kommen kann, doch sie sagt, „man muss positiv herangehen und immer nach vorn blicken". Ihre nicht nachlassende Motivation schöpft sie aus „den Leuten in meinem Umfeld, der ständigen Veränderung und Erneuerung des Labels Schumacher und allem, wofür es steht. Ich möchte immer weiter lernen und meine eigene Marke bietet mir die Möglichkeit, es jeden Tag zu tun. Es ist aufregend, zu wachsen und Neuland zu betreten. Es tut mir gut, neue Erfahrungen zu sammeln und tolle Leute kennenzulernen." Schumacher bietet ihr ein hervorragendes Podium für all ihre kreativen Gedanken und die Möglichkeit, Geschäftsfrau zu sein. Es erlaubt ihr auch, ihr Leben so zu strukturieren, wie sie es möchte. „Dass ich meine Träume mit Leben erfüllen kann, gibt mir sehr viel Kraft. Schumacher macht es mir auch möglich, mir meine Zeit so einzuteilen, wie es für mich und meine Familie am besten ist."

Seit der Startkollektion aus nur fünf Teilen hat Dorothee Schumacher ihr Label zu einer internationalen Marke weiterentwickelt, die sie von ihrer deutschen Hauptniederlassung aus betreibt.

# Kapitel 9: Produkt und Image

*D*as Entwickeln eines eigenen Produkts ist Ihre Chance, sich kreativ auszudrücken und etwas zu produzieren, zu dem Sie stehen – weshalb Sie vermutlich diesen Weg eingeschlagen haben. Doch wichtiger noch ist es sicherzugehen, dass Sie ein überzeugendes Profil und eine hohe Kundenzufriedenheit generieren. Dieses Kapitel gibt einen Überblick über die Regeln, die Sie befolgen sollten, um der von Ihnen entwickelten Linie die nötige Wirkung zu verleihen.

## Analysieren Sie Ihren Kunden

Wenn Sie wirklich eine Modelinie entwickeln wollen, auf der Sie ein tragfähiges Unternehmen aufbauen können, dann müssen Sie Marktrecherche betreiben und den Lebensstil Ihres Zielkunden voll und ganz erfassen. Es ist schwierig festzustellen, was Ihre Kundschaft tragen wird und vor allem zu welchen Anlässen, wenn Sie sie nicht verstehen.

Kleine, neugegründete Labels können sich häufig nicht beherrschen und gehen nur von sich selbst aus, wenn sie Entwürfe erstellen, in blindem Glauben an sich und nach dem Motto „Ich weiß, dass andere es lieben werden!". Das mag gut sein, wenn Ihr eigener Geschmack den des Marktes widerspiegelt und Sie dem Profil Ihres Zielkunden entsprechen, ist aber nur zu oft der schnelle Weg ins Aus.

Viele junge Designer, die ein Unternehmen gründen, verfügen nicht über den Lebensstil, geschweige denn über den Kontostand ihres Zielkunden und kaufen selbst keine Designerkleidung. Daraus folgt, dass Sie häufig Vermutungen über die Leute anstellen, an die sie einmal verkaufen wollen und ihr Produkt deshalb dem Bedarf der Verbraucher nicht gerecht wird.

Sie müssen Ihre Mitbewerber ausfindig machen, analysieren, was sich bei ihnen gut und was sich nur schlecht verkauft, entscheiden, was Ihr künftiger Kunde aller Voraussicht nach kaufen wird und Ihr Sortiment darauf abstimmen (siehe Kapitel 7).

## Gehen Sie es richtig an

Wenn Sie sich einen Namen machen wollen, sollten Sie alle Aspekte abdecken.

### Richtung und Stimmung

Häufig sind „Richtung" und „Stimmung" die beiden immateriellen Designelemente, mit denen das Unternehmen steht und fällt. Gelingt es Ihnen, eine Kollektion zu kreieren, die eine direkte Botschaft und Haltung ausstrahlt und sofort mit dem Einkäufer auf einer Wellenlänge liegt, dann ist Ihre Chance, Ihr Produkt zu verkaufen, recht gut.

Sie müssen versuchen, eine Stimmung zu erzeugen, die sagt „das ist es, worum es bei meinem Label geht". Mit einem einzigen Blick sollte der Einkäufer erfassen, ob Ihr Label feminin, provokant oder sportlich ist. Ihre Marketingmittel – Lookbooks, Websites, Modenschauen – sollten die Botschaft Ihres Produktes unterstreichen.

*Herrenabteilung bei Harrods*

Clare Watson, freiberufliche Stylistin, sagt:

„Bei neugegründeten Labels sehe ich gern kleine, gut durchdachte Kollektionen, die sehr ausgeglichen sind, da sie es sind, die einen bleibenden Eindruck hinterlassen. Ich stoße immer wieder auf Designer, die versuchen, von allem etwas zu machen, um alle Bereiche abzudecken, so dass man ihren Stil nicht genau erkennen kann. Erst nachdem man einen eigenen Stil entwickelt hat, sollte man neue Ideen hinzufügen, die dann auch viel eher angenommen werden."

### Individualität

Versuchen Sie, ein Alleinstellungsmerkmal zu entwickeln, das es Ihnen ermöglicht, sich von der Masse abzuheben, und Einkäufern eine Veranlassung zum Kauf gibt. Das mag banal klingen, doch bei so viel Konkurrenz kann es schwer sein, anders und dennoch verkäuflich zu sein. Exklusive Stoffe, individuelle Schnitte, besondere Besätze, gewagte Farben und der Verkaufspreis, dies alles sind Möglichkeiten, Ihr Produkt hervorzuheben. Einzigartigkeit ist häufig auch garantiert, wenn man sich einem Nischenmarkt zuwendet.

### Die Frage der Rentabilität

Ihr Ziel ist es, dass Einkäufer Ihr Produkt für ihr Geschäft kaufen, wo es wiederum der Verbraucher kaufen soll, damit Nachbestellungen vorgenommen werden. Die meisten Läden wollen 70 Prozent ihres Lagerbestands verkaufen, bevor der Ausverkauf beginnt. (Diesen Prozentsatz nennt man auch „Abverkaufsquote". „Nettoabsatz" bezeichnet das Gleiche, nur in absoluten Zahlen. Eine niedrige Abverkaufsquote ist einer der Faktoren, der dazu führen kann, dass ein Geschäft Ihre Produktlinie nicht mehr nachfragt. Man gibt Ihnen womöglich einige Saisons, um den Absatz zu erhöhen und die Kunden mit Ihrem Label vertraut zu machen, doch die meisten Einkäufer wollen wertvolle Verkaufsfläche nicht mit einer Linie belegen, die keinen guten Gewinn bringt.) Sie müssen wissen, was sich bei Ihrem Markt rentiert und was nicht, und das in Ihr Produkt einfließen lassen. Gute Recherche kann hier weiterhelfen. Wenn Sie beginnen, Ihre Händlerliste zusammenzustellen, bekommen Sie Rückmeldungen von Einkäufern zu den Reaktionen ihrer Kunden und es werden Ideen für Produktveränderungen an Sie herangetragen, durch die sich das Verkaufspotential erhöhen ließe. Die Entwicklung eines einzigartigen, doch gleichzeitig verkäuflichen Produkts kann eine ziemlich große Herausforderung darstellen, aber genau das ist es, was erfolgreiche Modelabels ausmacht.

Kat und Oz Aalam von der Londoner Boutique Damsel berichten von ihrer Strategie:

„Wir bieten etwas an, das sich im Stil abhebt, und berücksichtigen dabei, dass sich unsere Kunden etwas Zweckmäßiges wünschen! Oberteile für den Alltag, die nur chemisch gereinigt werden können, kommen für uns nicht in Frage, da das Gros unserer Kunden Kinder hat! Nicht zu unterschätzen ist außerdem der Begeisterungsfaktor. Wenn Leuten etwas unglaublich gut gefällt, dann können sie es auch irgendwie bezahlen, man muss sich also abheben und ihre Aufmerksamkeit erregen! Die Angebote der großen Ketten sind heute so preisgünstig, dass es für Boutiquen wie unsere immer schwerer wird, mit den Preisen mitzuhalten. Wir müssen unserem Kunden also etwas anbieten, das er in den Ketten nicht für ein Drittel des Preises bekommt.

„Preisobergrenzen sind auch wichtig – meine Schwester und ich wissen zwar, dass Perlenstickereien, bestimmte Stoffe und Designdetails einen hohen Preis rechtfertigen, uns ist aber auch bewusst, dass wir Oberteile, die mehr als 210 €/230 € und Kleider, die mehr als 380 € kosten, wahrscheinlich nicht verkaufen werden. Das entspricht einfach nicht unserem Markt."

*Das Accessoire-Label Knomo zählte zu den ersten britischen Marken, die Designer-Laptoptaschen auf dem Markt einführten und verfügte dadurch über ein starkes Alleinstellungsmerkmal.*

### Qualität

Bei einem guten Markenimage geht es darum, ein gutes Gefühl zwischen der Marke und den Kunden zu erzeugen, insbesondere im höheren Preissegment. Es spielt überhaupt keine Rolle, wie gut Ihre Modelle aussehen und wie viele Bestellungen eingegangen sind – wenn Sie keine gute Qualität abliefern, sind Sie zum Scheitern verurteilt.

Kunden werden Ihr Produkt nicht kaufen, wenn die Kleidungsstücke aufgrund schlechter Verarbeitung schlecht aussehen, und sie werden es nicht erneut kaufen, wenn sie mit der Qualität nicht zufrieden sind. Sie müssen an dieser Stelle genauso viel Zeit investieren wie beim Entwurf (siehe Kapitel 10), um ein gutes Ergebnis zu garantieren.

### Preis-Leistungs-Verhältnis

Ganz egal, wie viel Ihr Produkt kostet – die Leute haben gern das Gefühl, etwas Besonderes zu bekommen. Ob es sich nun um ein Schnäppchen oder ein Stück Luxus handelt, Sie müssen dem Kunden in jedem Falle das Gefühl vermitteln, dass er preislich gut dabei wegkommt.

Teure Einkäufe können zu „kognitiver Dissonanz" führen – der Angst, die falsche Entscheidung gefällt zu haben. Sie können dagegen angehen, indem Sie ein Produkt

*Designer wie Caroline Charles verwenden viel Mühe auf eine durchgängige Botschaft, die sich durch ihre Kollektionen zieht, so dass die Handschrift der Designerin für ihre Kunden jede Saison erkennbar ist.*

bieten, dessen Design, Qualität und Preis tadellos sind und das sich durch ein Alleinstellungsmerkmal auszeichnet. PR und Marketing spielen hierbei eine große Rolle. Je öfter Kunden Ihr Label in der Presse sehen, umso sicherer werden sie sich sein, den richtigen Einkauf getätigt zu haben (siehe Kapitel 12).

**Konsistenz und Entwicklung**

Nachdem Sie angestrengt daran gearbeitet haben, eine eigene Handschrift zu entwickeln, müssen Sie die Identität Ihres Labels von einer Saison zur nächsten aufrechterhalten und eine feste Produktpalette anbieten, aus der die Einkäufer auswählen können. Eine gewisse Beständigkeit empfiehlt sich vor allem für Design, Passform, Stoffe und Farbgebung, ist bei der Qualität und dem Preis jedoch besonders wichtig. Es gibt nichts Schlimmeres für einen Einkäufer, der sich in einer Saison entscheidet, Ihr Label ins Angebot aufzunehmen, als wenn er in der nächsten Saison feststellen muss, dass Sie Ihr Angebot vollständig verändert haben.

Unabhängig davon ist es jedoch notwendig, seine Kollektion von Saison zu Saison in Abhängigkeit von Markt und Trends weiterzuentwickeln. Einkäufer kleiner Boutiquen wissen, dass ihre Kundschaft begrenzt ist und können einen bestimmten Stil deshalb auch nur begrenzt verkaufen. Wenn Sie nun jede Saison den gleichen Stil anbieten, gibt es möglicherweise bald nur noch wenige Kunden, die ihn kaufen. Sie müssen die Trends berücksichtigen und sie in die erfolgreichsten Teile Ihrer Kollektion einfließen lassen, um Bewegung in die Kollektion zu bringen und ihr eine frische Note zu verleihen, während Sie gleichzeitig Ihre Handschrift bewahren.

### Ausgewogenheit und Auswahl

Wie wird Ihre Kollektion wirken, wenn sie erst einmal im Geschäft hängt? Wird der Kunde etwas damit anfangen können? Wird sie auf dem Bügel gut aussehen? Sie müssen sichergehen, dass Sie eine ausgewogene Kollektion mit ausreichender Sortimentsbreite und -tiefe oder alternativ ein einzelnes Produkt mit einer starken Identität entwickeln. Alle Stile einer Kollektion müssen zusammenwirken, um eine Geschichte zu erzählen und dem Einkäufer naheliegende Optionen zu bieten.

## *Sortimentsplanung*

Der Aufbau eines ausgewogenen Sortiments erfordert eine gute Sortimentsplanung, die dafür sorgt, dass Auswahl und Stückzahlen jeder Kollektion ausreichen. Zu diesem Zwecke wird unter Einbeziehung des Designbudgets und der Design-/Verkaufsstrategie eine Einkaufsliste für den Einkäufer eines Geschäftes erstellt. Es geht darum, Produkte auszuwählen und einzelne Produkte zu einem wirtschaftlich rentablen Mustersortiment zusammenzustellen. Dabei handelt es sich um eine wichtige Entwicklungsphase Ihrer Kollektion.

### Sortimentsbreite

Wie viele verschiedene Modelle und Farbvariationen Sie anbieten werden, hängt von Ihrer Verkaufsstrategie, dem Preisniveau und der Produktart ab. Je mehr Modelle Sie im Angebot haben, umso größer ist die Auswahl für den Einkäufer. Es empfiehlt sich möglicherweise jedoch, die Anzahl der Optionen anfangs zu begrenzen, um die Kosten zu minimieren. Manchmal können Sie eine größere Auswahl anbieten, indem Sie Ihre Produktkategorien einschränken. Vielleicht wollen Sie sich auf Kleider spezialisieren und zehn verschiedene Modelle anbieten, oder vielleicht wollen Sie auch eine Jeanskollektion, die sich zunächst auf sechs verschiedene Jeansschnitte konzentriert. Das verschafft Ihnen nicht nur Auswahl innerhalb einer Produktkategorie, sondern verhilft Ihnen auch unmittelbar zu einer Handschrift mit hohem Wiedererkennungswert für den Einkäufer.

Wenn Sie hingegen ein vollständiges Sortiment entwickeln wollen, werden Sie feststellen, dass schnell sehr viele Modelle zusammenkommen. Denken Sie daran, dass jedes zusätzliche Modell auch ein zusätzliches Schnittmuster erforderlich macht, wodurch die Kosten steigen und bei der Produktion noch mehr Mindestmengen eingehalten werden müssen (siehe nächstes Kapitel).

Schumacher begann mit nur fünf zentralen Teilen und Karen Walker mit einem einzigen.

### Sortimentstiefe

Sie können natürlich vielfältige Stoffe, Aufdrucke oder Farbgebungen für jedes einzelne Modell wählen. Für Ihr neugegründetes Label kann es dabei aber schwirig werden, die Mindestbestellmengen der Stofflieferanten zu erreichen. Jedes von Ihnen entwickelte Modell muss sich unabhängig vom Rest gut verkaufen, damit Sie

*Während Sie an Ihrer Kollektion arbeiten, müssen Sie auch daran denken, wie sie auf dem Bügel wirken wird, oder anders ausgedrückt: wie sie wirken wird, wenn alle Teile dicht beieinander hängen.*

wirklich damit in Produktion gehen können. Eine zu große Vielfalt bei Stoffen und Farben kann auch dazu führen, dass Ihrer Kollektion der offensichtliche Zusammenhang fehlt und der Einkäufer irritiert ist. Durch Verwendung der gleichen Farb- und Stoffvarianten für verschiedene Stile können Sie in Ihrer Kollektion „Geschichten" entstehen lassen, so dass den Einkäufern die Zuordnung leichter fällt und Sie selbst Mindestmengen besser einhalten können.

### Preisbildung

Ihre Marktrecherche ist ein guter Ausgangspunkt zur Ermittlung des Preises, zu dem Sie Ihr Produkt verkaufen können. Denken Sie daran, dass Sie normalerweise mehr preisgünstigere Produkte verkaufen werden. Diese Tatsache sollte sich in Ihrer Musterkollektion niederschlagen, die eine große Auswahl preisgünstiger Teile und mit steigendem Preis immer weniger Teile beinhalten sollte. So könnte ein einfaches Top in vier oder fünf Farbvarianten angeboten werden, während ein aufwendigeres Partykleid nur in ein oder zwei Farben erhältlich ist.

### Fertigen Sie eine Übersicht an

Bevor Sie mit den eigentlichen Illustrationen für die Entwürfe beginnen, sollten Sie sich hinsetzen und eine Übersicht anfertigen. Darin sollten Sie die Gesamtzahl der Musterteile erfassen und sie den jeweiligen Modell-, Stoff- und Farbvarianten zuordnen sowie die Preise festlegen. Bei Ihrer ersten Kollektion mögen Sie vielleicht ausreichend Zeit haben, um alles genau nach Wunsch zu machen, doch Sie werden schnell feststellen, dass, wenn der Verkauf erst einmal angelaufen ist und Sie Produktion, Auslieferung und Tagesgeschäft betreuen, nur noch begrenzt Zeit für das Design bleibt. Eine gute Übersicht kann dabei helfen, die Entwurfserstellung effektiver zu gestalten und langfristig Zeit zu sparen. Außerdem lässt sich so schnell kontrollieren, wie ausgewogen Ihre Kollektion ist, bevor Sie beginnen, Geld in die Entwicklung der Modelle zu stecken.

Letztendlich geht es bei einer guten Sortimentsplanung darum vorherzusehen, was Ihre Fachhändler Ihnen abkaufen und welches Preisniveau sie erwarten werden. Es geht darum, ein Sortiment zu entwickeln, das in Farben, Stoffen und Preisen ausgeglichen ist, eine schlüssige Anzahl von Optionen anbietet – Oberteile und Unterteile – und aussagekräftig wirkt, wenn es im Laden hängt. Es handelt sich dabei um eine kontinuierlich zu erfüllende Aufgabe und Sie sollten Ihren Umsatz für jede Saison für die einzelnen Produkte analysieren. Es kann durchaus einige Saisons dauern, bis Sie herausfinden, wie Ihr ideales Sortiment aussieht, doch je schneller Sie es tun, umso weniger Geld werden Sie verschwenden, umso mehr Fachhändler werden Sie gewinnen und umso größer wird Ihre Erfolgschance sein.

| Bezeichnung des Modells | Seidenkrepp mit Rosenmuster | Schwarzer Seidenkrepp | Roter Seidenkrepp | Seidenchiffon mit Pünktchenmuster | Baumwolle mit Tulpenmuster | Weiße Baumwolle | Baumwolle sommerblau | Cremefarbener Kaschmirstrick | Schwarzer Kaschmirstrick | Gesamtmenge | UVP in € |
|---|---|---|---|---|---|---|---|---|---|---|---|
| Kurzes Cocktail-Kleid | ✗ | ✗ |  | ✗ |  |  |  |  |  | 3 | 185 |
| Langes Kleid | ✗ |  | ✗ | ✗ |  |  |  |  |  | 3 | 240 |
| Sommerkleid |  |  |  |  | ✗ | ✗ | ✗ |  |  | 3 | 120 |
| T-Shirt-Kleid |  |  |  |  | ✗ |  | ✗ |  |  | 2 | 110 |
| Rückenfreies Top | ✗ | ✗ |  | ✗ |  |  |  |  |  | 3 | 100 |
| Party-Top |  | ✗ | ✗ |  |  |  |  |  |  | 2 | 120 |
| Tunika | ✗ |  | ✗ | ✗ |  |  |  |  |  | 3 | 140 |
| Shirt mit Knopfleiste |  |  |  |  | ✗ | ✗ | ✗ |  |  | 3 | 80 |
| Neckholder-Top |  | ✗ |  | ✗ |  |  |  |  |  | 2 | 95 |
| Sommer-Stricktop |  |  |  |  |  |  |  | ✗ | ✗ | 2 | 165 |
| Sommershorts |  |  |  |  |  | ✗ | ✗ |  |  | 2 | 55 |
| Röhrenhose |  |  |  |  |  | ✗ | ✗ |  |  | 2 | 95 |
| Wickelrock | ✗ |  | ✗ |  |  |  |  |  |  | 2 | 140 |
| Tuch | ✗ |  |  |  | ✗ | ✗ |  |  |  | 3 | 40 |
| Gesamt | 6 | 4 | 4 | 6 | 4 | 4 | 5 | 1 | 1 | 35 |  |

Für die Arbeit an Ihren Folgekollektionen ist es wichtig zu analysieren, was sich in der vergangenen Saison gut und was sich schlecht verkauft hat. Das ist zum Beispiel durch eine SWOT-Analyse möglich.

### SWOT-Analyse
Engl. Akronym für Strengths (Stärken), Weaknesses (Schwächen), Opportunities (Chancen) und Threats (Gefahren)
**Stärken:** Was hat sich in der vergangenen Saison gut verkauft? Warum?
**Schwächen:** Was hat sich nicht gut verkauft? Warum nicht?
**Chancen:** Was können Sie tun, um das Ergebnis Ihres Labels zu verbessern? Wie können Sie Ihre Schwächen in Stärken verwandeln?
**Gefahren:** Welche externen Faktoren könnten eine Gefahr für Ihr Label darstellen?

## *Funktionalität, ansprechende Optik und Wertschöpfung*

Produktentwickler befassen sich häufig mit der Gesamtwirkung, die ein Produkt auf einem bestimmten Markt haben wird, indem sie die drei wichtigsten Bereiche untersuchen, nämlich Funktionalität, ansprechende Optik und Wertschöpfung. Es kann auch für ein kleines Modelabel hilfreich sein, darüber nachzudenken und seine Produkte daran zu messen.

### Funktionalität
Legen Sie gleich zu Beginn fest, welchen Zweck Ihr Produkt erfüllen soll. Kunden kaufen Kleidung aus einem bestimmten Grund, und wenn Sie diese Bedürfnisse berücksichtigen, werden Sie voraussichtlich größere Stückzahlen verkaufen. Bei der Entwicklung von Wintermänteln sollten Sie sich also fragen: Wärmen sie? Im Falle von Badekleidung für den Strand muss die Frage lauten: Wird sie, wenn sie nass ist, nicht zu viel preisgeben vom Körper des Trägers? Und vor allem: Wird Ihr Produkt Ihren Kunden ein gutes Gefühl und Selbstsicherheit vermitteln?

### Ansprechende Optik
Sie müssen Modell, Form, Farbe, Material, Aufdruck und dekorative Elemente Ihres Produkts darauf abstimmen, wie modebewusst Ihr Zielkunde ist und in welchen Bereich der Trendhierarchie er einzuordnen ist. Manchmal ist es besser, bei der Entwicklung einer Kollektion etwas hinter Trends herzuhinken, da Sie so sehen, was die modischen Meinungsführer bereits tragen, und dementsprechend an Ihrer Kollektion feilen können.

### Mehrwert
Mehrwert entsteht möglicherweise bereits durch das Produkt an sich, mittels einzigartiger Materialien, tadelloser Passform und erlesener dekorativer Details sowie durch das Unerwartete – ein bedrucktes Taschenfutter, ein passendes Portemonnaie in einer Clutch-Bag. Ein Mehrwert kann sich aber auch aus dem Profil des Designers oder der Marke ergeben und daraus, wie der Kunde Sie wahrnimmt. Presse und Werbung werden zur Ausprägung eines eigenen Profils beitragen und den mit dem Erwerb eines Ihrer Teile verbundenen Mehrwert erhöhen. Unterschätzen Sie nie den Mehrwert von großartigem Design.

*Gesamtwirkung auf den Kunden*

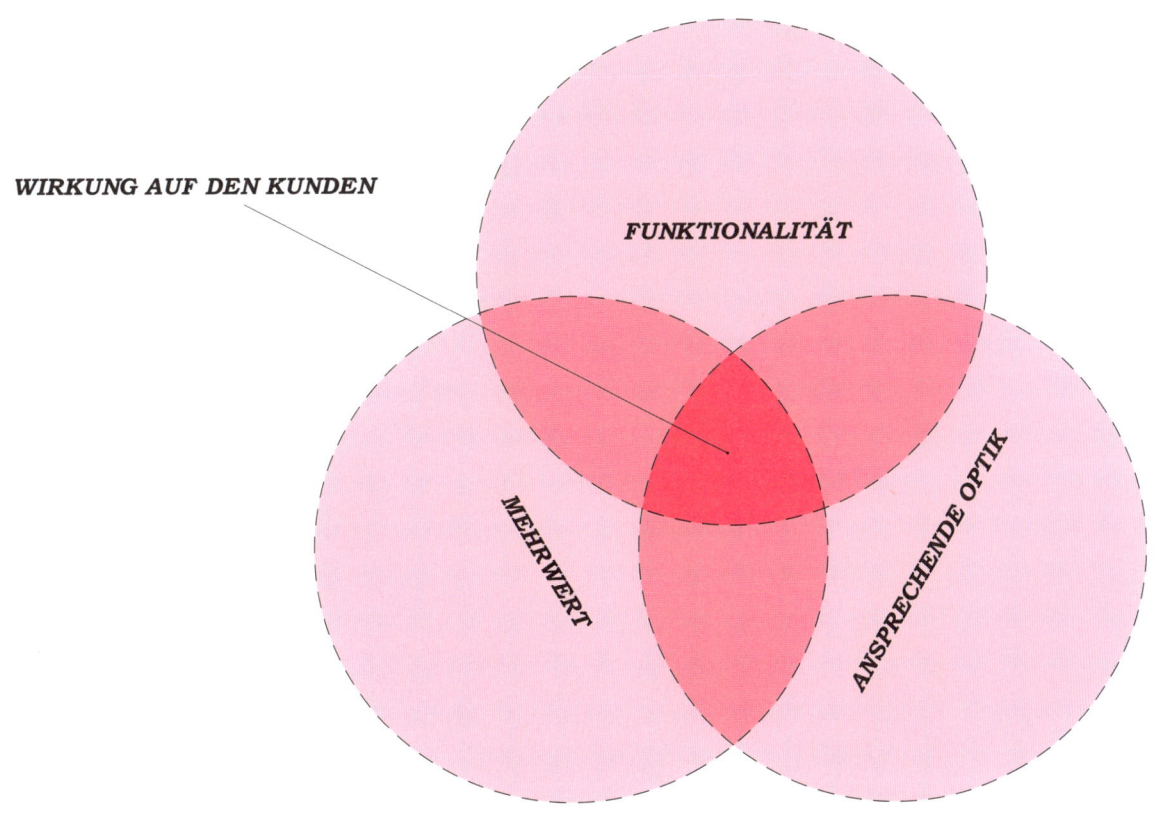

======================================================================

## AUFGABE

**Erarbeiten Sie sich eine eigene Sortimentsübersicht**
*Zunächst stellen Sie den Zweck Ihres Produkts und Ihr Kundeprofil fest. Beschränken Sie nun die Anzahl der Teile Ihrer Kollektion (20 bis 30 könnten für diese Übung einen guten Ausgangspunkt darstellen) und entscheiden sich dann hinsichtlich der Stile und Farbvarianten. Ergänzen Sie Einzelhandelspreise als grobe Richtlinie. Schauen Sie sich die Übersicht erneut an um zu entscheiden, ob das Sortiment ausgeglichen genug ist. Taucht jede Farbvariante häufig genug auf und stehen für jedes Modell Optionen zur Verfügung? Sind die Preise realistisch?*

======================================================================

Kapitel 10: Produktion

*Wie und wo Sie Ihr Produkt fertigen lassen, ist nach der Gründung eines eigenen Modelabels eine Frage, die zunächst etwas entmutigend sein kann. Oder anders ausgedrückt: Es kann ungemein schwierig sein, einen Hersteller ausfindig zu machen, der das Produkt in der benötigten Qualität und den gewünschten Stückzahlen und noch dazu zu einem Preis produziert, der es Ihnen ermöglicht, Gewinn zu machen.*

## Produktionsmöglichkeiten

Es ist wichtig, die technische Seite der Produktion zu verstehen, damit Sie in einer besseren Ausgangsposition sind, wenn Sie Entscheidungen zugunsten Ihres Produkts und der gesamten Lieferkette fällen müssen. Ihre Produktionsoptionen lauten:

### Eigene Produktion
- Üblich bei neugegründeten Modelabels, deren Designer in Zuschnitt und Verarbeitung ausgebildet sind
- Ermöglicht das Fertigen sehr kleiner Stückzahlen
- Sie haben die Qualitätskontrolle fest in der Hand
- Kann problematisch sein, wenn größere Bestellungen eingehen
- Sie beschaffen Stoffe und Zubehör selbst

### Heimarbeit
- Modellanfertigung und Produktion Ihres Produkts wird fachlich gut ausgebildeten Fachkräften überlassen (Schnittmachern/Schneidern), die normalerweise zu Hause arbeiten
- Kann mit Stunden- oder Tagessatz oder nach Stückzahl abgerechnet werden
- Ermöglicht das Fertigen sehr kleiner Stückzahlen für jedes Modell
- Wenn vor Ort ansässig, können Sie die Qualität gut kontrollieren
- Kann problematisch sein, wenn größere Bestellungen eingehen
- Sie beschaffen Stoffe und Zubehör selbst

### Externes Nähatelier (Zwischenmeister/Lohnkonfektionär)
- Modellanfertigung und Produktion übernimmt ein Unternehmen mit einer Reihe von Fachkräften, die zuschneiden, fertigen und Zutaten ergänzen
- Ermöglicht das Fertigen kleinerer Stückzahlen, bei Bedarf aber auch größere Stückzahlen möglich
- Sie beschaffen Stoffe und Zubehör selbst

### Rundumservice eines Herstellers (Vollkauf)
- Modellanfertigung und Produktion des Produkts übernimmt eine Fabrik, die Ihnen ein Produkt liefert, bei dem alle Kosten inklusive sind (auch Schnittmuster, Stoffe, Zuschnitt, Fertigung, Zutaten)
- Verfügt eventuell über Bezugsquellen für Stoffe und Zutaten, für die Herstellung von Hängeetiketten und anderen Etiketten
- Liefert auslieferungsfähiges Produkt
- Je nach Betriebsgröße Fertigung größerer Stückzahlen möglich

*Foto: David Hardy*

## Produktionsprozess

Zwar entscheidet die Art des von Ihnen entworfenen Produkts über den Produktionsprozess, doch es gibt wichtige Phasen, die für die meisten Modeprodukte gelten.

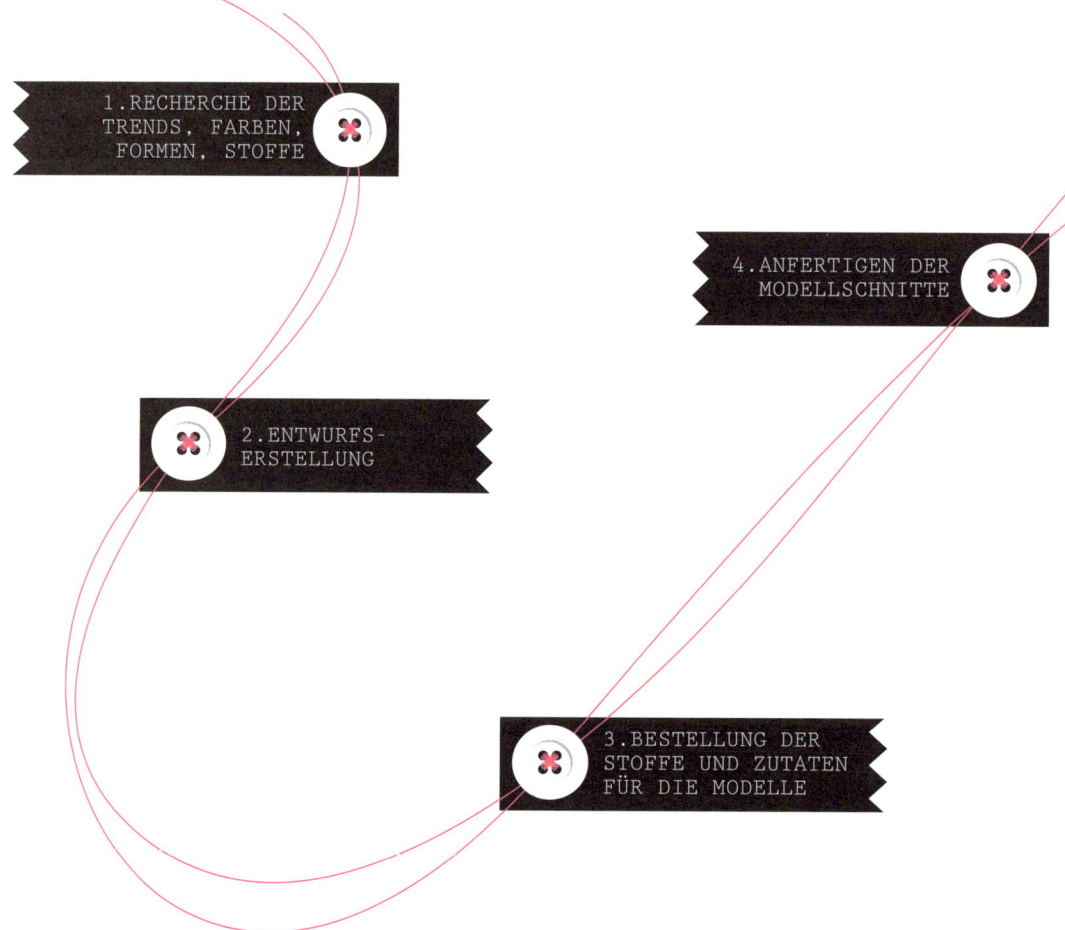

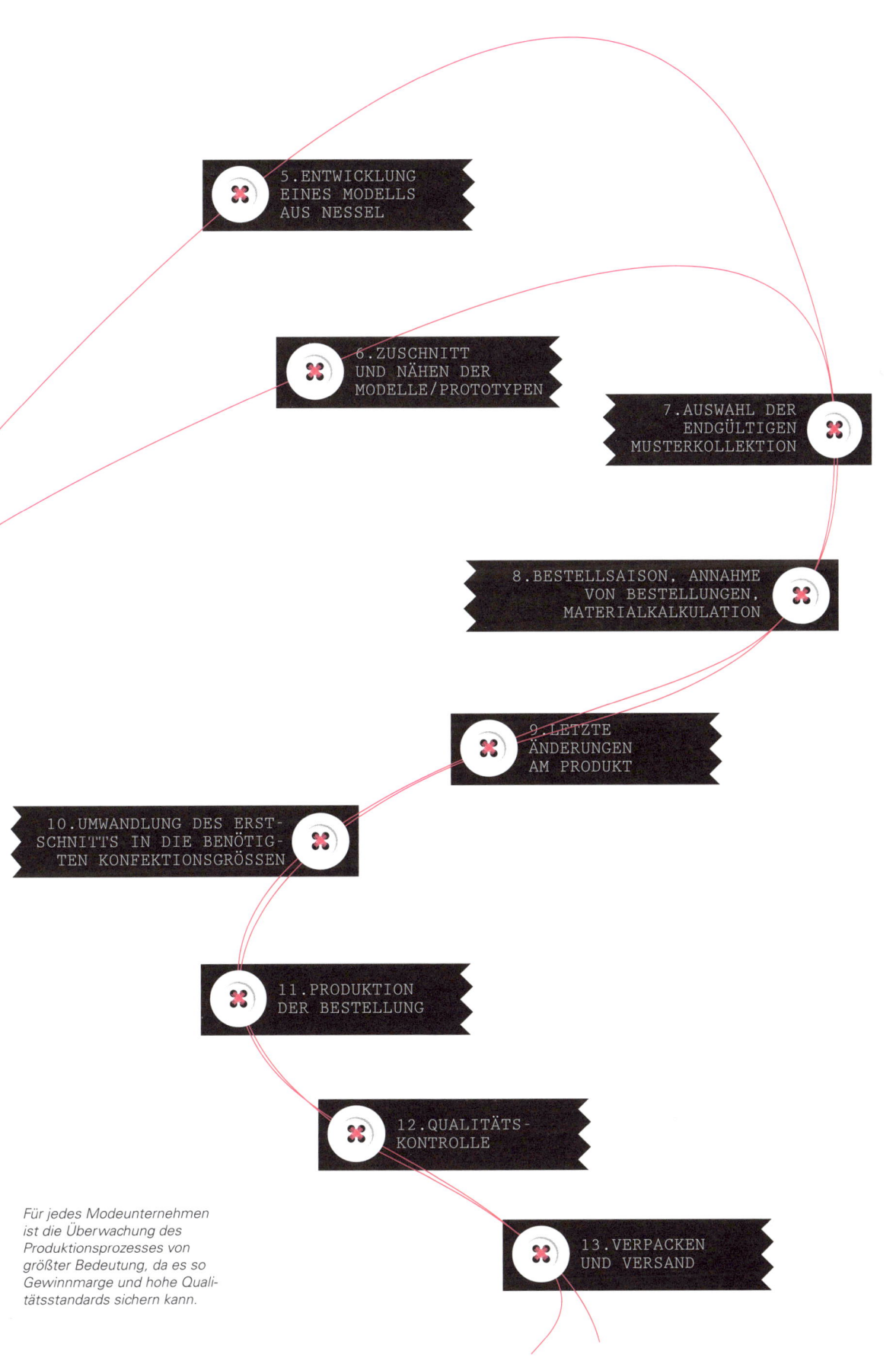

5. ENTWICKLUNG EINES MODELLS AUS NESSEL

6. ZUSCHNITT UND NÄHEN DER MODELLE/PROTOTYPEN

7. AUSWAHL DER ENDGÜLTIGEN MUSTERKOLLEKTION

8. BESTELLSAISON, ANNAHME VON BESTELLUNGEN, MATERIALKALKULATION

9. LETZTE ÄNDERUNGEN AM PRODUKT

10. UMWANDLUNG DES ERSTSCHNITTS IN DIE BENÖTIGTEN KONFEKTIONSGRÖSSEN

11. PRODUKTION DER BESTELLUNG

12. QUALITÄTSKONTROLLE

13. VERPACKEN UND VERSAND

*Für jedes Modeunternehmen ist die Überwachung des Produktionsprozesses von größter Bedeutung, da es so Gewinnmarge und hohe Qualitätsstandards sichern kann.*

*Die Entwurfsskizzen des Designers werden am Computer in technische Modellzeichnungen übertragen und dann zur Fertigung des eigentlichen Kleidungsstücks an den Hersteller gegeben.*

### Recherche der Trends, Farben, Formen, Stoffe
In Kapitel 8 wurde ausgeführt, dass sich Trends in der Mode aus diversen Quellen speisen: Verfolgen Sie so viele verschiedene Trends wie möglich.

### Entwurfserstellung
Wenn Sie mit einem Produkt in Serie gehen wollen, müssen Sie dem Hersteller/Musteratelier/Schnittmacher technische Modellzeichnungen und Verarbeitungshinweise (Spezifikationen) zur Verfügung stellen (s. o.). Es ist ausgesprochen wichtig, dass sie präzise sind, sonst wird der Prototyp sich nicht mit Ihren Vorstellungen decken und womöglich Mehrkosten (und Zeitverlust) nach sich ziehen.

### Bestellung der Stoffe und Zutaten für die Modelle
Ein Schlüssel zum Erfolg Ihrer Produktlinie liegt in Ihrer Fähigkeit, die richtigen Stoffe und Besätze in den richtigen Mengen und zum richtigen Preis auszuwählen. Ein Hersteller, der Ihnen einen Rundumservice bietet, ist normalerweise bei der Beschaffung von Stoffen behilflich. Viele Designer beziehen ihre Stoffe aber direkt, um eine größere Auswahl zu haben, andere wieder entwerfen ihre eigenen Stoffe, damit sie etwas Einzigartiges anbieten können.

### *Einkaufstipps für Stoffmessen*

**Suzanna Crabb** – *Creative Director von Suzanna (Designerlabel für Damenmode)*

- *Definieren Sie im Vorfeld, welche Trends Sie interessieren und nutzen Sie die Messe zur Bestätigung von Trends und als Inspirationsquelle für neue.*
- *Nehmen Sie eine Einkaufsliste mit, auf der Sie Ihre groben Wünsche erfassen – etwa Denim, bedruckte Seide oder Jersey – da die Messen riesig und in bestimmten Bereichen bestimmte Stoffe zu finden sind.*

- ✖ *Nehmen Sie Visitenkarten mit.*
- ✖ *Versuchen Sie, eine Messe am letzten (oder ersten) Tag zu besuchen, da sie dann weniger überlaufen sein dürfte, um wirklich an die Stände und Stoffmuster heranzukommen.*

===================================================

Stoffmessen und Textilvertreter stellen zwei Möglichkeiten dar, Stoffe für Ihre Produktlinie zu beziehen. Die großen internationalen Messen, wie Première Vision und Texworld in Paris sowie die munich fabric start in München, ziehen sehr viele Aussteller und Besucher an. Textilvertreter arbeiten in Ihrem Namen mit Textillieferanten zusammen.

Für neugegründete Unternehmen empfiehlt es sich, den Produktionsstoff erst zu bestellen, wenn Sie wissen, welche Stückzahlen Sie verkaufen werden. Viele berühmtere Designer nehmen zu Beginn der Saison auf der Grundlage des Absatzes der letzten Saison eine Absatzprognose vor, doch das wäre sehr riskant für ein kleines Label.

### Anfertigen der Modellschnitte

Der erste Schritt bei der Fertigung der Modelle ist das Erstellen von Modellschnitten – sie bilden die Grundlage für die Passform. Eine schlechte Passform ist einer der Hauptgründe für schlechten Absatz bei Modeprodukten, deshalb ist es wichtig, dass Sie oder derjenige, dem Sie diese Aufgabe übertragen, über Erfahrung verfügt.

### Entwicklung eines Modells aus Nessel

Dem Erstellen der Modellschnitte folgt das Anfertigen erster Modelle aus Nessel, denn bevor das erste Modell aus dem eigentlichen Stoff genäht wird, benötigt man in der Regel eines aus einem billigen Material, an dem noch Veränderungen vorgenommen werden können.

*An Modellen aus Nessel müssen oft noch Veränderungen vorgenommen werden, bevor die ersten Modelle aus dem eigentlichen Stoff entstehen können.*

### Zuschnitt und Nähen der Modelle

Nach der Auswahl des Modellstoffs und dem Anfertigen des ersten Modellschnittes ist es an der Zeit, das Modell zusammenzusetzen. Ihre Musterkollektion ist Ihr Hauptinstrument für das Bewerben und den Verkauf Ihrer eigentlichen Kollektion, sie muss daher perfekt sein. Wenn Sie die vorher absolvierten Schritte sorgfältig kontrolliert haben, dürften die Modelle eigentlich nicht von Ihren Erstentwürfen abweichen. Durch Auslagern der Modellanfertigung werden allerdings Kontrollmöglichkeiten fehlen und häufig noch Korrekturen und Veränderungen vonnöten sein.

### Auswahl der endgültigen Musterkollektion

Bevor Sie mit dem Verkauf beginnen, müssen Sie Ihre Kollektion eventuell noch überarbeiten. Wenn Sie Ihre Modelle erhalten, stellen Sie möglicherweise fest, dass sich einzelne Teile nicht ganz einfügen und die Gesamtwirkung der Linie schmälern. In diesem Falle kann es das Beste sein, sie ganz aus der Linie herauszunehmen.

### Annahme von Bestellungen, Materialkalkulation

Am Ende der Bestellsaison und nachdem Sie eingegangene Bestellungen bestätigt haben (siehe Kapitel 11), müssen Sie die benötigten Materialmengen kalkulieren. Sie ermitteln zunächst, welche Stückzahlen Sie für die einzelnen Modelle und Farbvarianten fertigen müssen und in welchen Größen. Auf dieser Grundlage lassen sich die genauen Mengen der benötigten Stoffe und Besätze errechnen. Ein Hersteller, der einen Rundumservice anbietet, verfügt über einen Merchandiser, der Ihre Materialkalkulation übernimmt. Wenn Sie selbst fertigen oder durch Heimarbeit oder eine Schneiderei fertigen lassen, liegt es hingegen in Ihrer Verantwortung, alles genau zu kalkulieren. Achten Sie unbedingt darauf, dass Sie Ihre Bestellmengen nicht zu niedrig oder zu hoch ansetzen. Es gibt Software-Pakete, die bei diesen Kalkulationen helfen.

Es ist außerdem unerlässlich, neben einem Kalkulationsblatt für die gesamte Produktion auch ein Blatt auszuhändigen, dem nicht nur alle Produktdetails, sondern auch die Stückzahl aller zu produzierenden Größen zu entnehmen sind.

### Letzte Änderungen am Produkt

Nach Ablauf der Bestellsaison müssen Sie unter Umständen einige letzte Korrekturen an Ihrem Produkt vornehmen. Diese Veränderungen müssen Sie schnell und deutlich Ihrem Produktionsteam mitteilen. Das kann auch dazu führen, dass Sie die technischen Modellzeichnungen verändern oder Notizen auf vorhandenen Spezifikationsblättern machen müssen. Informieren Sie das Team nicht nur in mündlicher Form über Veränderungen. Es ist notwendig, diese zu dokumentieren und in Papierform zur Verfügung zu stellen.

### Umwandlung des Erstschnitts in die benötigten Konfektionsgrößen

Bevor Sie mit dem Verkauf Ihrer Kollektion beginnen, sollten Sie entschieden haben, welche Größen Sie anbieten möchten. Sie müssen Ihre Erstschnitte in die benötigten Konfektionsgrößen umwandeln (gradieren), um alle Größen abdecken zu können, mit denen Sie in Serie gehen wollen.

### Produktion der Bestellung

Sie müssen die Rolle des Produktionsmanagers klar zuordnen, um die Fertigung der eigentlichen Teile unter Kontrolle zu haben. In der ersten Zeit werden Sie diese Rolle voraussichtlich selbst übernehmen. Sie werden Lieferdaten (siehe Kapitel 11) mit den Einkäufern vereinbart haben und deshalb wird man auch erwarten, dass Sie

*Am Anfang übernehmen die meisten Designer alle Qualitätskontrollen, das Verpacken und den Versand der Bestellungen selbst.*

pünktlich und den Qualitätsanforderungen entsprechend liefern. Das heißt, dass Sie an der Spitze Ihres Produktionsteams stehen müssen. Natürlich ist das umso schwerer, je größer die geografische Entfernung zwischen Ihnen und Ihrem Team ist. Legen Sie mit Ihrer Produktionseinheit eine realistische zeitliche Produktionsabfolge fest, so dass Sie in einem Wochen- und Monatsrhythmus ausrechnen können, ob Sie noch im Zeitplan liegen. Es ist Ihre Aufgabe, für die Einhaltung des Planes zu sorgen.

### Qualitätskontrolle

Mangelhafte Qualität kann neuen Labels das Genick brechen. Ihre einzige Möglichkeit einer Qualitätsgarantie ist die genaue Kontrolle jedes einzelnen Teiles.

Ihre Qualitätskontrollen sollten Sie über den gesamten Produktionsprozess verteilen, um potentielle Probleme zu minimieren. Sollten Sie im Falle von Mängeln die Teile noch einmal vollständig neu fertigen müssen, könnten Sie Ihren Liefertermin damit aufs Spiel setzen.

### Verpacken und Versand

Beim Verkauf Ihrer Kollektion müssen Sie mit Ihren Einkäufern Versandbedingungen vereinbaren. Bei kleinen Labels ist es sehr üblich, die Verantwortung für den Versand der Ware den Geschäften zu übertragen. So schützen Sie sich vor etwaigen Komplikationen, die auftreten könnten, nachdem die Ware Ihr Atelier verlassen hat. Halten Sie das für den Verkaufsfall schriftlich in Ihren Geschäftsbedingungen fest. Allerdings werden Geschäfte häufig festlegen, wie sie die Ware geliefert bekommen möchten. Es kann beispielsweise sein, dass sie darum bitten, die Ware hängend oder zusammengelegt zu erhalten. Warenhäuser verfügen oft über ganz spezielle Richtlinien, die Sie befolgen müssen. Häufig müssen Sie die Lieferung schon frühzeitig vormerken lassen, da die Ware sonst zurückgesendet wird und die Kosten dafür mit der Bestellung verrechnet werden.

Wenn Sie ins Ausland verkaufen und einen Exportpreis (engl. landed price) vereinbart haben, liegt nicht nur die Verantwortung für den Versand bei Ihnen, sondern es gehen auch alle anfallenden Frachten, Einfuhrzölle und Importsteuern zu Ihren Lasten. Vergewissern Sie sich, dass Sie Ihren Verkaufspreis dementsprechend kalkuliert haben, bevor Sie den Bedingungen zustimmen.

Wenn Sie Ihr Produkt im Ausland fertigen lassen, müssen Sie organisieren, dass die Ware Sie erreicht. Es lohnt sich, eine Geschäftsbeziehung zu einem Spediteur herzustellen, der den Versand übernimmt und sich auch um Dokumente und Versicherung kümmert. Es empfiehlt sich auch zu prüfen, ob Sie mit Ihrem Spediteur ein bestimmtes Zahlungsziel vereinbaren können. Das heißt, dass er zunächst die Kosten für alle anfallenden Einfuhrzölle und Importsteuern übernimmt und sie Ihnen zusammen mit den Versandkosten in Rechnung stellt, die Sie dann dem Zahlungsziel entsprechend mit etwas zeitlichem Spielraum begleichen können.

## Mindestmengen

Lieferanten setzen Mindestliefermengen fest, die bei Bestellungen nicht unterschritten werden dürfen. Sie existieren, weil die Herstellung kleiner Mengen oft so aufwendig ist, dass sie nicht rentabel ist. Um also sicherzugehen, dass sich eine Bestellung lohnt und sie genug Raum für eine sinnvolle Gewinnspanne lässt, legt ein Lieferant Mindestbestellmengen fest. Diese Mindestmengen gelten am häufigsten für Bestellungen von Stoffen und Zutaten, aber auch für Produktionsstückzahlen.

Mindestmengen fallen sehr unterschiedlich aus und variieren bei Stoffbestellungen in Abhängigkeit von den Lieferanten etwa zwischen 20 und 2.000 m. Im Designbereich beginnen sie normalerweise bei ca. 200 m. Für die Fertigung finden Sie Nähateliers, die Ihnen alles anbieten können, angefangen bei einem einzigen Teil pro Modell (normalerweise gegen Aufpreis), aber auch Hersteller, deren Mindeststückzahl bei etwa 500 pro Modell liegt, mit wesentlich geringeren Stückkosten.

### Wie Sie Mindestmengen umgehen

✖ *Bieten Sie einen höheren Preis an* Lieferanten legen zwar Mindestbestellmengen fest, um möglichst rentabel arbeiten zu können, es ist aber möglich, dass der Aufpreis bei Unterschreitung dieser Mengen gar nicht so hoch ist.

✖ *Fragen Sie nach Lagerware* Die meisten Hersteller und Lieferanten verfügen über Lagerbestände von Stoffen und Endprodukten. Es ist möglich, dass die Mindestbestellmengen in diesen Fällen, in denen die Ware ja bereits produziert wurde, wesentlich niedriger ausfallen. Wenn Sie nicht genau den Stoff bekommen, den Sie benötigen, fragen Sie, ob sich irgendetwas Ähnliches im Lager befindet. Je nachdem wie individuell das Design Ihres Endproduktes ist, finden Sie vielleicht einen Lieferanten, der ein ähnliches Standardprodukt anbietet, das Sie dann weiterverarbeiten können.

✖ *Hängen Sie Ihre Bestellung an eine andere an* Wenn es Ihnen nicht gelingt, die Mindestbestellmenge zu erreichen, fragen Sie, ob es möglich ist, Ihre Bestellung an eine andere Bestellung anzuhängen, die groß genug ist.

✖ *Kreativ sein* Vielleicht erreichen Sie die Mindestbestellmenge, indem Sie die Zahl der verschiedenen Stoffe reduzieren, mehr Modelle aus einem Stoff und weniger Farbvarianten vorsehen. Oder Sie kaufen eine große Menge weißen Stoffes und färben ihn selbst ein. Es ist durchaus üblich, dass Designer sich genau auf diesem Wege mit einem bestimmten Stoff einen Namen machen.

## Exklusivität

Bei einer kleinen Bestellmenge werden Ihnen Lieferanten nur ungern Exklusivität zugestehen. Wenn Sie nicht darüber verfügen, könnte jedoch ein großer Akteur auf der Bühne erscheinen und sich Exklusivrechte zusichern lassen. Dann stehen Sie ohne Produkt und Stoff da. Es kann auch sein, dass jemand anders genau das gleiche Produkt verkauft wie Sie, nur billiger. Exklusivität ist vor allem dann von Bedeutung, wenn es um leicht erkennbare Merkmale geht. Bedruckte Stoffe sind ein Beispiel dafür, sie können Ihre Kollektion deutlich von der eines Mitbewerbers abheben.

Eine gute Alternative kann das Entwickeln eigener Druckmuster darstellen. Inkjet-Drucke auf Textilien sind heute in kleinen Mengen bis 200 m in guter Qualität möglich. Wenn Sie hingegen den Stoff oder das Produkt gebrauchsfertig kaufen, sollten Sie fragen, ob bereits jemand anders genau die gleiche Ware erworben hat.

*Für den Schuhdesigner Gil Carvalho kam als Herstellungsland für seine Schuhe nur Italien in Frage.*

## Wie Sie einen Hersteller finden

Mit steigendem Absatz wird auch Ihr Bedarf für einen größeren Produktionsstandort wachsen.

Es gilt vieles zu beachten, wenn Sie Ihre Produktion auslagern. Neugegründete Modelabels geraten häufig in Schwierigkeiten, weil sie sich nicht genug Zeit für eine gründliche Suche nach einem geeigneten Produktionsstandort lassen. Durchdenken Sie die folgenden Punkte in Ruhe:

### Standort

In einer Idealwelt würde Ihr Hersteller gleich bei Ihnen um die Ecke sitzen. Wenn das nun einmal nicht möglich ist, dann beginnen Sie so dicht an Ihrer Basis wie möglich mit der Suche. Je größer die Distanz zwischen Ihnen und Ihrem Hersteller, umso schwieriger kommuniziert es sich und umso schwieriger wird es, sich spontan für eine Besprechung zu treffen. Manchmal diktiert Ihnen Ihr Produkt oder sogar das von Ihnen erwünschte Image einen bestimmten Produktionsstandort.

Schuhdesigner Gil Carvalho meint dazu „Bei luxuriösen Damenschuhen denken alle automatisch an ‚made in Italy', wir hatten also im Grunde keine Wahl. Wir mussten uns nur noch für eine Fabrik entscheiden, die unseren Bedürfnissen als Unternehmen am nächsten kam."

Wenn Ihr Hersteller im Ausland sitzt, empfiehlt es sich, einen Agenten mit der Beaufsichtigung des Produktionsprozesses zu beauftragen. Agenten sind auch bei der Suche nach Fabriken behilflich und arbeiten häufig mit einer Reihe von Herstellern zusammen.

Auf Websites wie www.alibaba.com kann man weltweit nach Herstellern suchen, doch Sie sollten Sie nur zur groben Orientierung nutzen. Sie müssen detailliertere Recherchen betreiben und Lieferanten selbst aufsuchen, um sich zu vergewissern, dass Sie die richtige Wahl treffen. Darüber hinaus können Sie über die Fachverbände verschiedener Länder eine Liste potentieller Hersteller beziehen.

## AUFGABEN

**1** Legen Sie drei Modelabels fest, die Ihrer Meinung nach hervorragende Qualität und Verarbeitung bieten. Suchen Sie deren Fachhändler auf und schauen Sie auf die Etiketten der Kleidungsstücke um herauszufinden, wo sie fertigen lassen. Recherchieren Sie im Internet oder kontaktieren Sie die Botschaft oder den Fachverband des betreffenden Landes und bitten Sie um eine Herstellerliste.

**2** Erstellen Sie durch Nachschlagen in den Gelben Seiten oder anderen Branchenverzeichnissen eine Liste mit Nähern, Schneidern und chemischen Reinigungen. Telefonieren Sie sie ab und erkundigen Sie sich nach den Preisen. Selbst wenn Sie mit einem großen Hersteller zusammenarbeiten, ist es gut, diese Fachleute im Notfall direkt zur Hand zu haben.

### Materialien, Maschinen und Produktionstechniken
Sie sollten mit einem Hersteller zusammenarbeiten, der auf die von Ihnen verwendeten Stoffe spezialisiert ist, und mit einem Lieferanten, der Ihnen alles beschaffen kann, was Sie benötigen. Bitten Sie um Anfertigung eines Modells, um sich ein Bild von der Ausführungsqualität machen zu können, bevor Sie Verpflichtungen eingehen. Es ist möglich, dass Sie es bezahlen müssen, doch Sie können dadurch langfristig eine Menge Geld und Ärger sparen.

Wenn Sie Stoffe und Zutaten in ein anderes Land einführen, sollten Sie für jedes importierte Produkt die Zölle berücksichtigen. Manche Ländern erheben sehr hohe Einfuhrzölle auf bestimmte Rohstoffe, um ihren Binnenmarkt zu schützen.

### Qualität
Der Erfolg Ihres Labels hängt maßgeblich von der Qualität Ihres Produkts ab. Je höher der Preis ist, umso besser sollte auch die Qualität sein. Da man in verschiedenen Ländern unter hoher Qualität etwas sehr Unterschiedliches verstehen kann, sind Modelle ausgesprochen wichtig. Ihr Modell sollte die Qualität widerspiegeln, die Sie erwarten, wenn Sie in Serie gehen.

### Lieferzeit
Da Sie mit Einzelhändlern Liefertermine vereinbart haben, müssen Sie sicher sein, dass Ihr Hersteller pünktlich liefern kann. Lieferzeiten können von Fabrik zu Fabrik variieren, betragen in vielen Fällen jedoch 60 bis 90 Tage. Das beinhaltet bereits die Lieferung der Stoffe und Zutaten. Das Lieferdatum bezeichnet allerdings nicht den Tag, an dem die Waren Sie erreichen werden, sondern den Tag, an dem sie auslieferungsbereit sind. Sie müssen dann noch Zeit für den Versand einplanen.

### Stückzahlen
Kann der Hersteller die von Ihnen benötigte Stückzahl zum gewünschten Preis liefern?

### Zuverlässigkeit
Sie brauchen einen Hersteller, auf den Sie sich verlassen können. Stimmt er einem Lieferdatum zu, dann müssen die Waren auch an diesem Tag fertig sein. Wenn Sie Qualitätsvorgaben machen, dann muss er sich auch daran halten. Sie werden sich auch vergewissern wollen, dass das Unternehmen wirtschaftlich stabil ist und es nicht bereits vom Markt verschwunden ist, wenn Sie mit der Produktion beginnen wollen. Lassen Sie sich Referenzen anderer Kunden vorlegen.

### Verhandlungen
Ein Hersteller kann nicht viel an Ihnen verdienen, so lange Sie nicht größere Stückzahlen in Auftrag geben. Deshalb sind Sie nicht gerade der verlockendste Kunde für ihn. Viele Hersteller werden es, wie Sie feststellen werden, noch nicht einmal in Betracht ziehen, mit Ihnen zusammenzuarbeiten. Sie müssen sie davon überzeugen, dass Sie wichtig sind und man so sorgfältig wie möglich Ihre Produktion beaufsichtigen sollte. Um das zu erreichen, können Sie:

- Ihre Bestellmenge erhöhen
- nachbestellen
- fristgemäß zahlen
- Den Hersteller informieren, wenn Sie in den Medien präsent sind, denn er gewinnt Ansehen, wenn er mit einem erfolgreichen Unternehmen zusammenarbeitet.

## Konditionen

Es ist wichtig, im Voraus Geschäftsbedingungen zu vereinbaren, am besten in Vertragsform. Es widerstrebt vielen Herstellern allerdings, Verträge zu unterzeichnen, so dass Sie sich häufig auf mündliche Absprachen oder Bestätigungen per E-Mail verlassen müssen. Sie sollten versuchen, die folgenden Vereinbarungen schriftlich zu fixieren:

### Fertigungsvertrag
Benennt Bestellmengen, Versand, Zahlungsvereinbarung, Versicherung, Qualitätsvorgaben und Lieferdaten. Er sollte auch ausschließen, dass der Hersteller Ihre Entwürfe an einen Dritten weiterverkauft, ohne zunächst Ihre Zustimmung einzuholen.

### Vereinbarung über die Bereitstellung eines Prototyps
Tragen Sie die Kosten für die Erstellung des Prototyps ein – oder ist es kostenlos, wenn Sie zusichern, mit einer bestimmten Stückzahl in Produktion zu gehen? Wer hält die Rechte am Modell, sollten Sie entscheiden, nicht bei dem Hersteller fertigen zu lassen?

### Vertraulichkeitsvereinbarung
Sie beinhaltet, dass der Hersteller mit niemandem über Ihr Produkt reden und es niemandem zeigen darf. Es ist möglich, dass ein Hersteller vor allem deswegen mit Ihrem kleinen Label arbeitet, weil er durch Ihren Namen Ansehen gewinnen kann und mit Ihrem Produkt gegenüber seinen wichtigeren Kunden prahlen will, die in größeren Mengen fertigen lassen.

### Preis und Zahlungsbedingungen
Der Hersteller sollte Ihnen normalerweise auf der Grundlage der technischen Modellzeichnungen eine grobe Preisschätzung vorlegen und nach Anfertigung der Prototypen einen Komplettpreis für jedes Modell nennen. Wenn Sie mit einem Hersteller arbeiten, der einen Rundumservice anbietet, sollte dieser Preis alles bis auf die Lieferung beinhalten. Sie sollten versuchen, diesen Preis herunterzuhandeln, da Hersteller einen Preis häufig in der Erwartung anbieten, dass Sie ohnehin einen niedrigeren Gegenvorschlag machen werden. Es ist auch wichtig, die Zahlungsbedingungen festzulegen.

**Lieferung**

Die meisten Hersteller erwarten von Ihnen, dass Sie sich selbst um den Versand Ihres Produkts ab Fabrik kümmern, insbesondere, wenn Einfuhr-/Ausfuhrzölle oder Import-/Exportsteuern anfallen. Vergewissern Sie sich, was im angebotenen Stückpreis enthalten ist und was nicht.

*Übliche internationale Lieferbedingungen*

**Ex Factory – Ab Werk:** *Der Preis beinhaltet nur die Ware und Sie sind selbst verantwortlich für alle durch den Versand anfallenden Fracht- und Versicherungsgebühren, Zölle und Steuern. Die Ware geht in Ihren Besitz über, sobald sie das Werk verlässt.*

**FOB (Free On Board) – Frei Schiff/Frei an Bord:** *Die Ware gilt als geliefert, wenn sie die Schiffsreling in dem benannten Verschiffungshafen überschritten hat. Das ist normalerweise in dem Moment der Fall, in dem die Ware in Ihrem Container auf dem Schiff aufsetzt.*

**CIF (Cost, Insurance and Freight) – Kosten, Versicherung und Fracht:** *Der Preis des Herstellers beinhaltet die Ware, die Transportversicherung bis zum Bestimmungshafen und die Fracht für den Transport zu Ihnen.*

**CFR or C&F (Cost and Freight) – Kosten und Fracht:** *Der Preis des Herstellers beinhaltet die Ware und die Fracht, nicht aber die Versicherung.*

**LDP (Landed Duty Paid) – Kosten, Versicherung, Fracht, Importzölle:** *Der Preis des Herstellers beinhaltet die Ware, Versicherung und Fracht sowie Einfuhrzölle und Importsteuern.*

Ihr Label wird fortwährend mit der Fertigung zu tun haben, deswegen sollten Sie sich schnell ausführlich damit auseinandersetzen. Es kann der Bereich sein, für den Sie im Rahmen Ihres Unternehmens die meiste Zeit aufwenden müssen, insbesondere, wenn Sie zwei-, drei- oder sogar viermal im Jahr eine neue und aufregende Kollektion erarbeiten. Sie werden feststellen, dass Sie gleichzeitig diverse Dinge tun müssen: dafür sorgen, dass die Modelle rechtzeitig und den Vorgaben entsprechend eintreffen, die Fertigung der Bestellungen der letzten Saison beaufsichtigen und sie versenden.

Geben Sie sich ein bis eineinhalb Jahre für den Aufbau Ihrer vollständigen Lieferkette. So gehen Sie sicher, dass Sie sich, wenn Sie Ihr Produkt auf den Markt bringen, auf eine Infrastruktur stützen können, die es Ihnen ermöglicht, Ihr unternehmerisches Potential auszuschöpfen. Überstürzen Sie nichts und gehen Sie nie davon aus, dass die Produktion sich von allein regelt.

*Produktionskalender (Nördliche Halbkugel) für klassische Vororderkollektionen*

| Monat | Frühjahr/Sommer 2010 | Herbst/Winter 2011 |
|---|---|---|
| Februar 2009 | Stoffrecherche Beginn Entwurfserstellung | |
| März 2009 | Auswahl Stoffe Bestellung Stoffe | |
| April 2009 | Erstellung Erstschnitte Beginn Modellanfertigung | |
| Juni 2009 | Kollektionen entwickelt | |
| Juli 2009 | Beginn Verkauf der Kollektion | |
| August 2009 | Aufstellung Produktionsplan, Bestellung Produktionsmaterial | |
| September 2009 | Produktionsbeginn | Stoffrecherche Beginn Entwurfserstellung |
| Oktober 2009 | Produktion | Auswahl Stoffe Bestellung Stoffe |
| November 2009 | Produktion | Erstellung Erstschnitte Beginn Modellanfertigung |
| Dezember 2009 | Erste Auslieferung | Kollektionen entwickelt |
| Januar 2010 | Zweite Auslieferung | Modellanfertigung |
| Februar 2010 | Dritte Auslieferung | Beginn Verkaufssaison HW 2010 |
| März 2010 | Fortsetzung Auslieferung | Präsentation Kollektionen Fortsetzung Verkauf |
| April 2010 | | Aufstellung Produktionsplan, Bestellung Produktionsmaterial |
| Mai 2010 | | Produktionsbeginn |
| Juni 2010 | | Produktion |
| Juli 2010 | | Produktion |
| August 2010 | | Erste Auslieferung |
| September 2010 | | Zweite Auslieferung |
| Oktober 2010 | | Dritte Auslieferung |
| November 2010 | Fortsetzung Auslieferung (Weihnachts-/Silvesterkollektion) | |

# Fallbeispiel: Caroline Charles

Caroline Charles zählt seit der Gründung ihres eigenen Labels in den 1960ern zu den führenden britischen Designerinnen für Damenmode. In den vergangenen 40 Jahren etablierte sie die Marke Caroline Charles in der ganzen Welt. Dies gelang ihr, indem sie einer internationalen weiblichen Kundschaft mit einer hektischen Berufs- und Reisetätigkeit und einem ebensolchen Sozialleben moderne, bequeme, nützliche, langlebige und zeitlose Designs anbot. Während ihrer gesamten illustren Karriere, in der sie Popstars, Filmstars und Angehörige des britischen Königshauses einkleidete, stand sie in der ersten Reihe der britischen Modebranche. Im 40. Jahr des Bestehens des Labels wurde sie für ihre Verdienste in der Modebranche mit dem Order of the British Empire ausgezeichnet.

Carolines Vision und ihr kreativer Ansatz haben seit der Gründung des Labels in keiner Weise nachgelassen. Sie glaubt zutiefst an den Stil, für den sie steht, und ist Perfektionistin in Bezug auf jedes Produktionsdetail, die Darbietung und den Verkauf ihrer Produkte. In jedem Bereich ihres Unternehmens packt sie selbst mit an und bekennt sich zu ihrem „außerordentlichen Antrieb". Und sie weist darauf hin, dass sie das „beste Team in ganz London" hinter sich wisse.

Caroline entwirft jedes Jahr drei Kollektionen, die alle von ihrer Liebe zu Textilien, Schnitt und guter Verarbeitung künden. Mit ihrer Linie Caroline Charles London widmet sie sich der Fest-, Party- und Abendmode. Die Caroline Collection richtet ihr Hauptaugenmerk auf Jeans, Wildleder, Stickereien, T-Shirts, Strickmode, Röcke und Blusen, während die Linie Caroline Charles Studio eine limitierte Kollektion mit dem Schwerpunkt auf Abendgarderobe aus luxuriösen Stoffen bietet, von der ein großer Teil von Hand bestickt und mit Perlen versehen wurde.

Jede Kollektion bietet der Kundin etwas anderes und Caroline achtet sehr darauf, die Markenidentität und das Alleinstellungsmerkmal zu bewahren, indem sie sich auf spezielle Stoffe, Strukturen, Webarten, (Perlen-)Stickereien und Neuheiten konzentriert.

Zwar führen namhafte Boutiquen und Warenhäuser weltweit ihre Mode, doch Caroline liegt sehr viel daran, ihr eigenes Produkt auch direkt zu verkaufen: „In seinem eigenen Geschäft kann man seine Sachen am vorteilhaftesten in Szene setzen und vermarkten, während man beim Großhandel auf den Geschmack anderer vertrauen muss." Caroline eröffnete ihr erstes Ladengeschäft in den 1970ern in Beauchamp Place, Knightsbridge, im Herzen Londons, und bedient sich seitdem zur Entwicklung ihres Unternehmens einer erfolgreichen Einzelhandelsstrategie. Sie sagt, „Der perfekte Zeitpunkt für den Einstieg in den Einzelhandel

ist gekommen, wenn man das Gefühl hat, dass die Kunden folgen werden". Um das Produkt zum Erfolg zu führen, solle man außerdem Design anbieten, „das den Bedürfnissen der Kunden entspricht, und sie mit Extras in Versuchung führen – denken Sie etwa an Farbgruppen, die Ausrichtung auf gewisse Anlässe, Reise, Wetter etc."

Caroline eröffnete an verschiedenen Standorten Geschäfte, hat dabei jedoch immer versucht, „einen Laden mit möglichst viel Laufkundschaft zu finden, der trotzdem finanzierbar war", und sagt, es sei wichtig, „so dicht wie möglich an Produkten mit ähnlichen Preisen zu liegen." Sie hat verschiedene Pachtzeiten für ihre Ladengrundstücke ausgehandelt und hält 25 Jahre für die günstigste Laufzeit, mit Kündigungsmöglichkeiten nach einem, zwei und fünf Jahren. „Durch diese Kündigungsmöglichkeiten hat man die Chance, mit dem Geschäft umzuziehen, wenn sich der Standort als ungünstig erweist." Manchmal lohnt es sich auch, „eine Miete/Pacht auf der Basis des Umsatzes auszuhandeln. Das heißt, der Vermieter erhält in den ersten beiden Jahren 10 Prozent des Jahresumsatzes und dann wird auf dieser Grundlage ein Festpreis vereinbart."

Caroline hält das richtige Personal für ihre Läden für genauso wichtig wie das Produkt. „Stellen Sie Leute ein, die Spaß am Verkaufen haben, sehr freundlich und gern behilflich sind. Geborene Verkäufer lieben es, den Laden zu dekorieren, die Produkte und das Schaufenster jede Woche anders zu präsentieren." Sie sagt auch, es sei wichtig, gut durchdachte Bedingungen für Kundenbetreuung und Personal einzuführen. In diesem Zusammenhang nennt sie auch die vom Verkaufspersonal einzuhaltende Kleiderordnung – sie spielt eine große Rolle für das Markenimage und sollte darauf abgestimmt sein.

Caroline hält es für wichtig, sich „Umsatzziele zu setzen und sie jedes Jahr um einen bestimmten Prozentsatz zu erhöhen." Allerdings präsentiert sie auch besondere Teile im Laden, getreu dem Motto: „Bei unwiderstehlichen Accessoires sollte man keinen Widerstand leisten!"

Eine letzte unentbehrliche Zutat für Carolines bisherigen Erfolg im Direktverkauf ist „gute PR und eine gute Adressdatei". Sie sind, so sagt sie, „sehr wichtig, um die Leute auf dem Laufenden zu halten!"

Caroline Charles zählt zu den besten Modedesignerinnen Großbritanniens und baute in den letzten 40 Jahren ein erfolgreiches Unternehmen auf. Ihr Schwerpunkt liegt auf eigenen Einzelhandelsgeschäften.

Kapitel 11: Eine Kollektion an die Frau/den Mann bringen

*B*eim Verkauf geht es um das Gespräch mit Menschen und um den Aufbau von vertrauensvollen, dauerhaften Beziehungen. Menschen geben eher Geld aus, wenn ihnen ihr Gegenüber sympathisch ist – und abhängig von Ihrer Verkaufsstrategie werden Sie vielleicht nur zwei Möglichkeiten im Jahr haben, Einkäufer zu treffen. Es ist daher wichtig, von Anfang an alles richtig zu machen. Sie müssen auch in der Lage sein, Ihr Produkt überzeugend anpreisen zu können. In diesem Kapitel geht es um alle Aspekte des Groß- und Einzelhandels in der Mode, um mögliche Lizenzverträge und um alle Einzelheiten der Verwaltung, die ein wesentlicher Bestandteil des Verkaufsprozesses sind.

## Das Verkaufszeitfenster

Noch bevor Sie genau ausarbeiten, wann Sie den Verkauf Ihrer Kollektion vornehmen werden, müssen Sie sich für eine Verkaufsstrategie entschieden haben. Werden Sie Großhändler, Einzelhändler oder beides sein?

### Das Verkaufszeitfenster im Großhandel

Für die meisten Modegroßhändler wird die Verkaufsperiode durch die Frühlings-/Sommer- und Herbst-/Winterkollektion bestimmt. Somit gibt es zwei Verkaufszeitfenster pro Jahr, die jeweils zwei bis vier Monate andauern. Die Einkaufsleiter kennen dann ihr Budget für die neue Kollektion. Wenn Sie Ihre Kollektion innerhalb der Saison durch neue Modelle aufstocken können und den Einzelhändlern damit die Chance zur Nachbestellung geben, öffnen sich Ihnen zusätzliche Verkaufsperioden. Die Termine für Herren- und Damenbekleidung weichen etwas voneinander ab, wobei die Herrenkollektion gewöhnlich etwas früher gezeigt wird.

Vorkollektionen der Haute Couture Prêt-à-porter-Linien werden bis zu drei Monate vor den wichtigsten Modenschauen der Saison präsentiert und werden für das wirtschaftliche Überleben des Sektors immer wichtiger. Oft sind sie etwas tragbarer und erschwinglicher als die Modenschaukollektionen und sind eine Reaktion des Designermarktes auf den Erfolg von Fast-Fashion-Modellen im Einzelhandel. Viele Einkäufer des High-End-Segments wollen nicht auf die saisonalen Modenschauen warten, bevor sie ihre Bestellung aufgeben, da diese Kollektionen oft für ihre Kernkundschaft zu spät in der Saison geliefert werden. Da der High-End-Käufer häufig sehr darauf bedacht ist, die Sachen vor allen anderen zu haben, wissen die Einkäufer, dass sie die Kollektion im Lager haben müssen, bevor die Kaufsaison richtig beginnt. Vorkollektionen erlauben es dem Einzelhändler, tolle Designerkollektionen früher zu verkaufen, während sie dem Designer die kreative Freiheit geben, die Modenschaukollektionen so inspirativ wie möglich zu gestalten.

*Verkaufsgespräch bei der Modemesse Bread & Butter, Barcelona*

*Verkaufskalender für den Großhandel*

| | |
|---|---|
| Vorkollektion Herbst/Winter | Dezember |
| Hauptkollektion Herbst/Winter | Januar bis April |
| Vorkollektion Frühling/Sommer | Juli |
| Hauptkollektion Frühling/Sommer | August bis November |

In Abhängigkeit von Ihrem Produkt ist es auch möglich, dass genügend Nachfrage für einen ganzjährigen Verkauf besteht und Fachhändler auf die Möglichkeit zurückgreifen, ihre Ware von Zeit zu Zeit aufzustocken. Das heißt, dass Sie einen Teil der Ware am Lager halten müssen oder eine sehr gute Lieferkette mit kurzen Beschaffungszeiten brauchen.

**Das Verkaufszeitfenster im Einzelhandel**
Auch das Verkaufszeitfenster im Einzelhandel wird durch die Saison bestimmt. Die Ware sollte drei bis sechs Monate später im Laden eintreffen als im Großhandel. Im Designerbereich treffen die Frühlings-/Sommerkollektionen üblicherweise im Dezember/Januar in den Läden ein, während die Herbst-/Winterkollektionen im August/September auftauchen. Je mehr Ihr Produkt für die breite Masse bestimmt ist, desto eher besteht die Chance auf kürzere und häufigere Verkaufssaisons, da das Produkt dann genau zu der Jahreszeit im Laden erscheint, in der es auch getragen werden soll (siehe Fast-Fashion-Modelle auf Seite 15).

# Großhandel

Modegroßhändler verkaufen Ware an einen Mittler, der die Ware an den Endverbraucher weiterverkauft. Sollten Sie als Mittler eine Boutique, ein Kaufhaus oder einen Internetmarktplatz für den Verkauf Ihrer Ware an den Kunden nutzen, selbst wenn es sich nur um ein paar Stücke handelt, sind Sie Großhändler.

Der größte Vorteil besteht darin, dass Sie Ihre erste Wareninvestition auf die Mengen, die von den Einzelhändlern bestellt wurden, begrenzen können. Sie wissen also schon bevor Sie Ihre Waren vom Hersteller kaufen ganz genau, wie viele Teile Sie benötigen, in welchem Modell und Stoff, in welchen Farben und in welchen Größen.

Der größte Nachteil besteht darin, dass Sie nicht den vollen Einzelhandelspreis für Ihre Ware bekommen (siehe Kapitel 13).

Es gibt drei Hauptgründe dafür, dass viele Jungunternehmer in der Modebranche den Großhandelsweg einschlagen:

**Begrenzte finanzielle Mittel:** Im Modeeinzelhandel müssen Ladenmieten, Ausstattung, Personal, Versicherungen und Lagerhaltungskosten zusätzlich zum Einkauf der Ware berechnet werden. Viele neue Modelabels können es sich einfach nicht leisten, direkt in eigenen Läden zu verkaufen.

**Vertrieb:** Als Großhändler haben Sie die Möglichkeit, weltweit in Hunderten von Geschäften vertreten zu sein und Ihr Label damit für viele potentielle Kunden direkt verfügbar zu machen.

**Glaubwürdigkeit:** Wenn ein bekannter Einzelhändler Ihr Label in seinem Geschäft anbietet, sagt dies dem Kunden, dass man Sie beachten muss.

*Ihre Kollektion muss stets gut präsentiert sein, um die Chancen zu erhöhen, dass Einkäufer Ihr Label in ihr Geschäft aufnehmen.*

### Atelierverkäufe

Mit einem neuen Modeunternehmen kann es für Sie schwierig sein, Einkäufer zu einem Besuch bei Ihnen oder in seinen Räumen zu bewegen. Ihre Lookbooks und Ihr Marketingmaterial (siehe Kapitel 12) sollen den Einkäufer dazu verlocken, einen Termin mit Ihnen zu machen. Sie dienen als Einführung in Ihr Label und die neue Kollektion. Einkäufer sehen jedoch in jeder Saison Hunderte von Lookbooks. Sie müssen also versuchen, eine Beziehung zu den Einkäufern aufzubauen, indem Sie einfach anrufen und sich vorstellen, nachfragen, ob man Ihr Lookbook und Marketingmaterial erhalten hat, und um einen Termin bitten.

Stellen Sie sicher, dass Ihr Atelier die richtige Botschaft ausstrahlt, Sie es gut präsentieren und Ihre Kollektion fantastisch aussieht. Seien Sie ordentlich und gut vorbereitet – frische Blumen machen sich immer gut. Bieten Sie den Einkäufern etwas zu trinken an und stellen Sie sicher, dass genügend Sitzgelegenheiten vorhanden sind. Beim Aufbau von langen und guten Beziehungen ist es wichtig, die Einkäufer mit offenen Armen zu empfangen und dafür zu sorgen, dass sie sich wohlfühlen.

Ablehnung gehört zum Verkaufsspiel dazu. Etablierte Geschäfte sind möglicherweise gar nicht auf der Suche nach neuen Kollektionen. Selbst wenn sie bereit sind, ein oder zwei Marken in ihr Sortiment aufzunehmen, haben sie immer noch Hunderte von Kollektionen zur Auswahl. Sie mögen Glück haben und das richtige Produkt zum richtigen Zeitpunkt anbieten, doch die meisten neuen Modelabels müssen sich langsam einen guten Ruf bei diesen Geschäften erarbeiten, bis der richtige Zeitpunkt zum Kauf da ist. Nehmen Sie ein „Nein" nicht persönlich und denken Sie daran, dass es nicht für immer gilt. Wenn die Einkäufer Ihr Produkt und Ihre Presse über ein paar Saisons hinweg wahrgenommen haben, sind sie vielleicht bereit, Ihre Ware anzubieten. Seien Sie beharrlich!

### Messen

Messen sind eine gute Möglichkeit für Einkäufer, viele verschiedene Kollektionen in einem kurzen Zeitraum und unter einem Dach zu begutachten. Die Auswahl der richtigen Messe ist sehr wichtig – Sie können es sich nicht leisten, Geld in die falsche zu stecken. Recherchieren Sie! Welche Messen besucht Ihre Konkurrenz? Fragen Sie die Organisatoren nach Aussteller- und Einkäuferlisten früherer Saisons. Sprechen Sie mit anderen Modeunternehmen, die in früheren Saisons dort ausgestellt haben. Sie wollen sich schließlich nicht nur aufgrund einer alten Ausstellerliste für eine Messe anmelden, nur um dann herauszufinden, dass in diesem Jahr keiner mehr teilnimmt, weil die Einkäuferzahlen so gering waren.

*Messen spielen bei der Verkaufsstrategie der meisten Modelabels, die als Großhändler verkaufen, eine wichtige Rolle. Recherchieren Sie die Messen genau und entscheiden Sie, welche am besten zu Ihrem Label passt, bevor Sie sich festlegen.*

Die Organisatoren der Messe entscheiden, welche Modelabels teilnehmen und werden alles versuchen, um den Ruf der Veranstaltung zu schützen. Sie müssen sich professionell präsentieren. Jegliche Berichterstattung in den Medien, die Sie vorab erhalten haben, wird die Messeorganisatoren beeindrucken. Sollten Sie schon Fachhändler als Kunden haben, werden Sie damit Einkäufer auf die Messe ziehen. Es kann einige Saisons dauern, bis Sie, gerade auf einer größeren, ausgebuchten Messe mit etablierten Marken, angenommen werden. Sobald dies jedoch geschieht, sollten Sie darüber nachdenken, wie Sie Ihre Kollektion präsentieren wollen.

In der ersten Saison müssen Sie sparsam sein. Das heißt, dass Sie keinen Stand nehmen sollten, der zu groß ist. Er muss jedoch groß genug sein, um Ihre Kollektion professionell und optisch ansprechend vorstellen zu können. Stellen Sie sicher, dass Sie genügend Kleiderständer haben – aber auch nicht zu viele. Viele Messen haben eine Mindeststandgröße. Accessoire-Labels kommen oft mit einem kleineren Stand aus als Kleidungslabels, da ihre Produkte weniger Platz benötigen, besonders wenn es sich um Schmuck handelt. Fragen Sie die Organisatoren!

Sie müssen Ihre Kollektion professionell präsentieren – verwenden Sie unbedingt identische Kleiderbügel und versehen Sie alle Teile mit Hängeetiketten.

Versuchen Sie eine verlockende Atmosphäre zu kreieren, die dem Einkäufer noch etwas Interpretationsspielraum lässt. Die Einkäufer sollen unvoreingenommen an Ihren Stand kommen und sich sicher sein, dass es sich für sie lohnen wird, ob ihr Geschäft nun minimalistisch ist oder ein französisches Boudoir zum Thema hat.

Verschicken Sie Lookbooks, in denen erläutert wird, wo Sie ausstellen und an welchem Stand Sie sich befinden werden. Viele Einkäufer besuchen Messen, um ihre vorhandenen Lieferanten zu treffen, und nicht, um nach neuen Labels zu suchen. Wenn sie sich dann auf der Messe umsehen, sollte ihnen Ihr Label schon ein Begriff sein. Damit erhöht sich die Wahrscheinlichkeit der Wiedererkennung von Name und Produkt und überzeugt sie vielleicht, Ihre Kollektion anzuschauen.

*Einkäufer großer Einzelhändler reisen oft in Gruppen. Sie wissen genau, wonach sie suchen und nehmen an besonderen Shows, wie Magic in Las Vegas, der Premium in Berlin oder der Bread & Butter in Barcelona teil, bei denen sie die Gewissheit haben, einige interessante Marken zu finden, die für ihren Markt relevant sind.*

Platzieren Sie Tische und Stühle so, dass Sie den Platz optimal nutzen. Der Stand muss funktionell, aber auch fesselnd sein. Eine Umkleidekabine kann sich als nützlich erweisen, wenn Einkäufer sehen möchten, wie die Stücke angezogen wirken. Wenn möglich, strecken Sie Ihr Budget und stellen Sie ein Anprobemodel (ein Model, dass die perfekte Konfektionsgröße für Ihr Produkt hat) zur Verfügung.

**Einkäufertypen**

Es gibt Einkäufer, die genau wissen, was sie wollen (Warenhäuser und etablierte Boutiquen) und Einkäufer, die noch am Anfang stehen und vom Angebot etwas überwältigt sind. Wieder andere würden gerne kaufen, benötigen aber Ihre Unterstützung. Manche Einkäufer werden auf Ihrer Wellenlänge sein und Ihre Kollektion lieben, während andere überhaupt kein Interesse zeigen. Sie werden auch auf Zeitverschwender stoßen, die Ihre Kollektion lange durchforsten, jedoch nie etwas bestellen. Gestatten Sie niemandem, Ihre Kollektion zu fotografieren, bevor etwas bestellt wurde, es sei denn, es handelt sich um Einkäufer von angesehenen Einzelhändlern oder um jemanden mit einem Presseausweis (nach ein paar Saisons werden Sie erkennen, wer wichtig ist und wer nicht). Es ist normal, dass Einkäufer Sie erst ein paar Saisons über sehen wollen, bevor sie eine Bestellung aufgeben. Die Einkäufer wollen Kontinuität und Wachstum sehen, bevor sie sich entscheiden, es mit Ihnen zu versuchen.

Oft geben Einkäufer Ihnen Rückmeldungen, ob sie nun Ihre Marke an den Endverbraucher verkauft haben oder nicht. Es ist ratsam, gut zuzuhören, selbst wenn es sich etwas barsch anhören sollte. Sie werden schnell herausfinden, dass Einkäufer unterschiedliche Dinge mögen und ablehnen und sich sehr oft gegenseitig darin widersprechen, welche Dinge verändert werden sollten. Werfen Sie jedoch nicht gleich das Handtuch und fangen neu an. Einkäufer werden Ihnen meistens das empfehlen, was auf ihre Kunden zutrifft und es kann durchaus sein, dass Sie die richtigen Einkäufer für sich noch nicht getroffen haben. Es ist wichtig beim Aufbau der Identität Ihres Labels, dass Sie sich selbst und Ihrer Kreativität treu bleiben.

Fragen Sie immer nach den Visitenkarten der Einkäufer und vermerken Sie auf der Rückseite, wann und wo Sie sich getroffen haben, sowie jegliches Feedback.

**Messen im Ausland**
Oft wird empfohlen, erst im Ausland auszustellen, wenn man genügend Einkommen hat, um die zusätzlichen Kosten abzudecken. Es gibt jedoch einige junge Modeunternehmen, die nicht sonderlich gut auf dem heimischen Markt ankamen, aber im Ausland unglaublich erfolgreich waren. Die Teilnahme an ausländischen Messen trägt oft zur Glaubwürdigkeit bei – wenn man einem Einkäufer erzählen kann, dass man auf Shows in London, Paris, Mailand und New York ausgestellt hat, zeigt das, dass man Erfolg hat.

Sprechen Sie mit anderen Designern über deren Erfahrungen und erkundigen Sie sich auch beim AUMA, der Auslandsmesseprogramme des Bundes sowie die Kontaktadressen auf seiner Homepage zeigt. Möglicherweise haben Sie sogar Anspruch auf Unterstützung.

## *Die Kunst des Verkaufens*

***Schritt 1: Ziele setzen***
*Sie brauchen klare Ziele, die über einen vorgegebenen Zeitraum hinweg messbar sind. Beim Setzen der Ziele bedenken Sie Ihren Kostendeckungspunkt sowie die Einnahmen, die nötig sind, um den Fortbestand Ihres Unternehmens zu sichern. Errechnen Sie daraus saisonale Verkaufsziele. Später können Sie dann versuchen, den Umsatz der letzten Saison um einen bestimmten Betrag zu erhöhen.*

***Schritt 2: Neukundenwerbung***
*Als Neukundenwerbung bezeichnet man den Prozess der Erschließung neuer Verkaufsoptionen. Es ist notwendig, fortwährend neue Boutiquen und Läden zu recherchieren, um die Zahl der potentiellen Kunden zu maximieren. Nehmen Sie sich die Zeit, sowohl neue Kunden zu finden als auch eine Datenbank mit treuen Einkäufern zu erstellen.*

***Schritt 3: Bewertung***
*Das ist die Kunst, die geeigneten Kandidaten von den untauglichen zu unterscheiden. Wie viele Ihrer 20 neuen potentiellen Kunden können das Produkt, das Sie anbieten, zu dem Preis, den Sie verlangen, jetzt kaufen? Durch Bewerten der Interessenten können Sie sehr viel Zeit sparen. Diese kann genutzt werden, um Beziehungen zu den Neukunden mit wirklichem Potential herzustellen statt denen hinterherzujagen, die ohnehin nicht kaufen wollen oder können.*

***Schritt 4: Der Verkaufsprozess***
*Beim Verkaufsprozess geht es hauptsächlich darum, eine vertrauensvolle Beziehung und Verbindung zwischen Ihnen und Ihren Einkäufern herzustellen. Menschen schließen gerne Geschäfte mit Menschen ab, die ihnen sympathisch sind, besonders bei kleineren Betrieben. Begeistern Sie sie mit einigen wichtigen Teilen Ihrer Kollektion und bauen Sie darauf auf. Wenn Sie Ihr Produkt anbieten, denken Sie daran, die Vorzüge so anzupreisen, dass der Einkäufer sich damit identifizieren kann, und konzentrieren Sie Ihre Fragen auf die Geschäftsinteressen des Einkäufers, egal ob sie den Stil oder die Preise betreffen.*

***Schritt 5: Kundenbetreuung nach dem Verkauf***
*Nachdem der Verkauf abgeschlossen ist und der Einkäufer eine Bestellung aufgegeben hat, ist die weitere Betreuung zwingend notwendig, um eine langfristige Beziehung herzustellen. Eine Notiz, die besagt, dass Sie sich gefreut haben, ihn zu*

sehen, regelmäßige Anrufe, um ihn über die Lieferung auf dem Laufenden zu halten, Presseausschnitte über Ihr Label, werden den Einkäufer davon überzeugen, dass er mit Ihnen die richtige Wahl getroffen hat. Nach Anlieferung der Produkte ist es immer gut nachzufragen, ob alles in Ordnung war und wie sich die Kollektion verkauft.

## AUFGABEN

1 Gehen Sie auf www.auma.de und suchen Sie die Messen, die für Ihr Produkt in Frage kommen. Recherchieren Sie diese im Internet.

2 Überlegen Sie sich zehn erfolgreiche, ähnliche Labels, neben denen Sie Ihres gerne verkaufen würden. Sehen Sie sich auf deren Internetseiten nach Händlerlisten um und recherchieren Sie die Boutiquen und Warenhäuser, an die Sie herantreten könnten.

### Showrooms und Vermittler

Wenn Sie sich nicht für geeignet halten, den Verkauf Ihrer Kollektion zu übernehmen, können Sie den Verkauf an einen Showroom oder einen Vertreter abgeben. In einem Showroom wird Ihre Kollektion zusammen mit denen anderer Designer gezeigt. Ein Vertreter wird potentiellen Einkäufern eine oder mehrere Kollektionen vorstellen. Möglicherweise haben die Vertreter auch Platz genug, um die Kollektion vorzuführen, oder haben sogar einen Stand auf einer Messe. Die Vertreter sollten eine Liste mit bereits etablierten Kunden haben, so dass Sie sich deren Beziehungen zunutze machen können.

Die Showrooms und Vertreter kaufen Ihnen Ihr Produkt nicht ab, sondern treffen sich in Ihrem Namen mit neuen und bestehenden Fachhändlern. Die meisten arbeiten auf Provisionsbasis von normalerweise 10 Prozent des Verkaufswertes. Die günstigste Zahlungsmethode für Sie und auch die am meisten verbreitete ist die Bezahlung nach der Lieferung der Ware an das Geschäft und nach Zahlungseingang bei Ihnen.

Sie sind für den Vertrieb verantwortlich und der Showroom/Vertreter wird die Bestellungen, Verträge und Versanddetails an Sie weiterleiten.

Bevor Sie bei den Showrooms und Vertretern angenommen werden, müssen diese sich sicher sein, dass sie genügend verkaufen werden. Oft werden sie erwarten, dass Sie bereits ein paar Jahre im Geschäft sind und schon einige Fachhändler haben und werden sich dann um mehr Umsatz für Sie bemühen.

Es gibt verschiedene Übereinkommen, die Sie mit Ihrem Showroom/Vertreter treffen können, vom einfachen Handschlag bis zur Erstellung eines formellen Gemeinschaftsunternehmens. Da sich keiner der Beteiligten sicher sein kann, wie lange die Beziehung andauern wird, verzichten Sie anfangs besser auf das Gemeinschaftsunternehmen, doch einige schriftlich festgelegte Punkte oder auch ein Vertrag sind ratsam. Fragen Sie Ihren Anwalt um Rat.

## Vertrag mit Vertretern oder Vertragshändlern

**Folgende Punkte sollten enthalten sein:**
- Beschreibung der entsprechenden Produkte
- Vereinbartes Verkaufsgebiet
- Zeitrahmen
- Kündigungsklauseln – diese müssen am Anfang Ihrer Zusammenarbeit ausgehandelt werden, wenn Sie und Ihr Vertreter gut miteinander auskommen
- Revisionsklausel – legt fest, wann die Vereinbarung überarbeitet werden soll und was genau überarbeitet werden soll
- Leistungsziele – diese können Verkaufszahlen, Kundenzahlen, Werbekampagnen etc. beinhalten

### Vertragshändler

Wenn man im Ausland verkaufen möchte, wo es sprachlich problematisch werden könnte, ist die Nutzung eines Vertragshändlers möglich. Der Vertragshändler ist Ihr einziger Kunde für die vereinbarte Region, wird eine große Bestellung bei Ihnen aufgeben und übernimmt damit die Verantwortung für die Beziehungen zu den Einzelhändlern, einschließlich Lieferung und Zahlung. Der Vertragshändler kauft Ihnen das Produkt ab und verkauft es dann weiter, zu höheren als den Bezugspreisen. (In einigen Fällen wird der Vertragshändler einen prozentualen Umsatzanteil aushandeln, der, abhängig von Ihrem erwarteten Verkaufsumsatz, zwischen 2 und 12 Prozent liegt). Damit sollen Zusatzkosten, die durch das Beteiligungsverhältnis und das Mahn- und Inkassowesen entstehen, abgedeckt werden. Der Vertragshändler ist für den Kundendienst zuständig und beteiligt sich an Werbe- und Marketingkosten und Werbeaktionen für Ihre Kollektion in dem vereinbarten Verkaufsgebiet.

## Der Vertreter im Vergleich zum Vertragshändler

**Vorteile eines Vertreters:**
- Ein Vertreter hat meist sehr viel Erfahrung auf dem Markt und kann seinen eigenen Kundenstamm einbringen.
- Er berechnet normalerweise eine vereinbarte Gebühr (ca. 10 Prozent auf alle Verkäufe), so dass die Kosten vorher bekannt sind und in die Preisbildung einbezogen werden können.
- Gewöhnlich bezahlen Sie ihn erst, wenn der Einkäufer Sie bezahlt hat.
- Sie behalten Kontrolle über Ihre Marke, da Sie für Marketing und Werbung selbst verantwortlich sind.

**Nachteile eines Vertreters:**
- Sie sind selbst für die Warenlieferung verantwortlich, die, wenn Sie in viele Länder versenden, zu einem relativ komplexen Vertriebsprozess führen kann.
- Es ist unwahrscheinlich, dass sich der Vertreter an der Finanzierung der Werbung beteiligt. Er wird Ihr Produkt auch nicht bewerben oder sich an Marketingaktionen beteiligen. Gegen einen separaten monatlichen Vorschuss bieten einige Vertreter jedoch Presse- und Marketingdienstleistungen an.
- Das Bonitätsrisiko liegt bei Ihnen. Da Sie den Vertreter jedoch gewöhnlich erst dann bezahlen, wenn Sie bezahlt wurden, ist es möglich, dass der Vertreter Ihnen bei der Abwicklung der Bezahlung hilft.

***Vorteile eines Vertragshändlers:***
- Sie haben nur einen Kunden (den Vertragshändler).
- Der Vertragshändler trägt das Bonitätsrisiko bei allen Verkäufen.
- Der Vertragshändler vertreibt Ihre Ware im vereinbarten Verkaufsgebiet.
- Der Vertragshändler beteiligt sich an der Finanzierung der Werbung und führt Marketing- und Werbeaktionen für Ihr Produkt durch.
- Der Vertragshändler generiert einen neuen Kundenstamm für Ihr Produkt.

***Nachteile eines Vertragshändlers:***
- Nicht Sie, sondern der Vertragshändler hat die vollständige Kontrolle über den Verkaufsprozess.
- Die Vertragshändlerkosten können Ihr Produkt möglicherweise teurer als das der Konkurrenz machen – ein Vertragshändler kann bis zu 50 Prozent (oder sogar mehr) Gewinnaufschlag auf Ihr Produkt vornehmen, bevor es den Einzelhandel erreicht.
- Möglicherweise kennen Sie Ihre Kunden nicht.
- Da sich der Vertragshändler an Werbung und Marketing beteiligt, haben Sie keine komplette Kontrolle über das Branding Ihres Produkts.
- Es könnte sein, dass Vertragshändler, die gleichzeitig Großhändler sind (und nicht nur spezialisiert auf den Vertrieb), nicht effektiv genug an andere Großhändler verkaufen.
- Es könnte sein, dass Ihr Vertragshändler nicht genügend Verkaufskraft hat, um ein neues Produkt auf einem großen Markt einzuführen.
- Der Vertragshändler wird seine Energie wahrscheinlich nicht nur auf Ihr Produkt richten.

===================================================

## Lizenzabkommen

Bei einem Lizenzabkommen verkaufen Sie (der Lizenzgeber) das Recht, eine Idee oder einen Entwurf zu nutzen an einen Dritten, normalerweise einen Hersteller (den Lizenznehmer), und bekommen dafür Lizenzgebühren. Der Lizenznehmer kauft das Recht, die Idee oder den Entwurf zu nutzen, um den Wert zu steigern und Zugang zu einem treuen Kundenstamm herzustellen. Viele Designerlabels verleihen Ihre Namen an diverse Produkte, wobei Parfüme am lukrativsten für Modemarken sind. Donna Karan, Ralph Lauren, Chanel, Alexander McQueen und Paul Smith haben alle mehrere Lizenzabkommen. Wenn Sie ein Profil und einen Kundenstamm für Ihr Modelabel entwickelt haben und Interesse daran haben, sich in anderen Produktzweigen zu entfalten, kann ein Lizenzabkommen für Sie durchaus in Frage kommen.

Bevor Sie jedoch ein Lizenzabkommen schließen, sollten Sie prüfen, wie viel Einsatz Sie bringen müssten und wie viel Kontrolle Sie behalten würden. Hierbei kommt es ganz auf den Vertrag an. Manchmal hat der Lizenzgeber viel Einfluss auf das Design und die Qualität der genutzten Materialien und manchmal hat er gar keinen Einfluss.

Sie sollten alle Verträge auf jeden Fall Ihrem Anwalt zeigen um sicherzugehen, dass Sie ein gutes Geschäft machen und Ihre Marke ausreichend schützen.

## Exklusivität

Manche Einzelhändler werden sich vielleicht ein gewisses Maß an Exklusivität erbitten, von absoluter Exklusivität (Sie verkaufen nur in deren Geschäft) bis zu regionaler Exklusivität (Sie verpflichten sich, nicht innerhalb eines festgelegten Umkreises des entsprechenden Geschäfts zu verkaufen). Sie müssen dabei entscheiden, wie

wichtig Ihnen dieser Einzelhändler ist. Sollte er über mehr als 100 Verkaufsstellen verfügen und deshalb auf einen guten Absatz schließen lassen, könnte absolute Exklusivität für einen gewissen Zeitraum eine Möglichkeit darstellen.

Wenn Sie ein Designerlabel sind, wird Ihnen an der Erhaltung der Exklusivität Ihres Produktes liegen. Der Verkauf an zu viele Geschäfte in Kleinstädten könnte Ihr Label zu weit streuen und Ihre Marke abwerten. Auf der anderen Seite sollten Sie sich natürlich auf nichts einlassen, was es Ihrem Unternehmen erschwert, einen guten Kundenstamm und Umsatz zu entwickeln. Denken Sie gut darüber nach, bevor Sie sich für jegliche Exklusivität entscheiden.

**Schreibarbeit**
Bei Beginn der Verkaufssaison müssen Sie alle Vorbereitungen erledigt haben.

*Bestellformular*
Wenn ein Einkäufer eine Bestellung bei Ihnen aufgeben will, brauchen Sie ein Bestellformular mit folgenden Punkten:
- die Angaben Ihres Labels, einschließlich des Namens der Person, die die Bestellung entgegengenommen hat
- die Kundenangaben, einschließlich Steuernummer und Rechnungsadresse
- das Datum
- die Bestellnummer
- die Beschreibung jedes Teils
- die Bestellmenge für jedes Teil, die Farbkombinationen, die Größen und die Preise
- die Lieferadresse
- das Lieferdatum

Das Lieferdatum ist der Zeitpunkt, an dem die Ware Sie verlässt, nicht das Datum, an dem sie beim Kunden eintrifft. Sie können sich zwar sicher sein, wann die Ware verpackt ist und fertig zum Versand in Ihrem Atelier bereitsteht, doch Sie wissen nicht, wie lange der Kurier oder der Spediteur brauchen wird (Sie wollen schließlich nicht für unvorhergesehene Lieferverzögerungen verantwortlich gemacht werden).

Die Liefer- und Versandkosten werden vom Kunden getragen (auf Seite 114 finden Sie eine Liste mit Versandterminologie), solange Sie nichts anderes vereinbart haben. Es ist unter Designern üblich, den Einzelhändlern einen Lieferzeitraum zu nennen, in dem die Waren sie erreichen werden. Das ermöglicht Ihnen, einigen Modellen, die Sie zuerst in den Geschäften haben wollen oder die Ihre wichtigsten Fachhändler zuerst bestellt haben, den Vorrang einzuräumen.

## *Typische Lieferdaten für saisonale Kollektionen (Nördliche Halbkugel)*

| | |
|---|---|
| Herrenbekleidung Herbst/Winter | August |
| Damenbekleidung Herbst/Winter | August und September |
| Herrenbekleidung Frühling/Sommer | Januar |
| Damenbekleidung Frühling/Sommer | Dezember bis Ende Januar |

Sie dürfen nicht vergessen, Ihren Einkäufern mitzuteilen, wann Sie Ihr Bestellbuch für die Saison schließen werden – möglicherweise möchten die Einkäufer noch vor Vertragsschluss Änderungen vornehmen oder Zahlen überdenken.

*Christian Audigier konnte seine Lifestyle-Marke Ed Hardy kreieren, indem er ein Lizenzabkommen über die Rechte an den Werken des Tätowierers Don Ed Hardy schloss.*

Sie sollten stets einen Durchschlag des Bestellformulars behalten oder eine Kopie anfertigen. Ein Exemplar behalten Sie und das andere erhält der Einkäufer für seine Unterlagen.

### *Allgemeine Geschäftsbedingungen (AGB)*
Die Allgemeinen Geschäftsbedingungen gehören auf die Rückseite Ihres Bestellformulars. Der Bundesverband des deutschen Textileinzelhandels (BTE) stellt die Einheitsbedingungen der Textilwirtschaft kostenlos online zur Verfügung. Lassen Sie die Geschäftsbedingungen, die Sie öffentlich machen, von Ihrem Anwalt prüfen um sicherzustellen, dass Sie an alles gedacht haben.

### *Neukundenformulare*
Es ist empfehlenswert, neue Kunden um das Ausfüllen eines Neukundenformulars zu bitten, besonders wenn diese auf Rechnung kaufen möchten.

### *Bestätigung*
Mit der Bestätigung kommt der Vertrag zwischen Ihnen und dem Einzelhändler endgültig zustande, bevor Sie mit der Produktion beginnen. Jetzt können Sie auch eine Rechnung über die Anzahlung schreiben, soweit das den Vereinbarungen entspricht. Gehen Sie nie in Produktion, bevor die Bestätigung unterschrieben ist.

Nachdem Ihre Bestellbücher geschlossen sind, müssen Sie Ihren Produktionslauf für die Saison erarbeiten. Das bedeutet, dass Sie prüfen müssen, ob es Stile oder Farbkombinationen gibt, von denen Sie nicht genügend verkauft haben, um die Produktion zu rechtfertigen. Bevor Sie die Bestätigung an den Einkäufer senden, rufen Sie ihn an und erklären Sie ihm die Situation. Idealerweise möchten Sie natürlich alles produzieren, was bestellt wurde, doch das ist nicht immer möglich – besonders am Anfang, wenn das Verkaufsvolumen noch recht niedrig sein kann.

### *Zahlungsbedingungen*
Sie sind verantwortlich dafür, die Zahlungsbedingungen mit jedem Kunden zu vereinbaren. Hierbei gibt es mehrere Möglichkeiten (die Terminologie kann sich von Land zu Land unterscheiden).

- *Anzahlung:* Im Idealfall erhalten Sie eine Anzahlung auf die Bestellung, sobald die Bestätigung unterschrieben wurde. Anzahlungen zwischen 25 und 50 Prozent sind hier typisch. Das sollte die Kosten der produzierten Waren decken, sollte der Einzelhändler die Bestellung nicht annehmen. Es ist üblich, Anzahlungen von neuen Kunden für die ersten paar Saisons zu erbitten, aber nahezu unmöglich, Anzahlungen mit großen Warenhäusern auszuhandeln.

- *Vorauszahlung:* Sie können um Zahlung vor Versand der Waren bitten. Das wäre gut für Ihren Cashflow. Es ist auch eine gute Methode, um Läden zu pünktlicher Zahlung zu bewegen, da jegliche Zahlungsverzögerung bedeutet, dass sie leere Regale haben und wertvolle Verkaufszeit verlieren.

- *Lieferung gegen Nachnahme:* Das ist das Gegenteil der Vorauszahlungsmethode. Sie versenden die Waren zum Kunden und dieser zahlt bei Empfang. Wenn Sie einen Einzelhändler noch nicht lange kennen, erbitten Sie eine Zahlungsanweisung oder eine Überweisung. (Fragen Sie Ihre Bank, welche Methode billiger ist. Oft ist Online-Banking sehr günstig.)

- *Zahlung auf Rechnung:* Hierbei gewähren Sie einen Lieferantenkredit bevor die Zahlung fällig ist. 30 bis 60 Tage netto ist ein übliches Zahlungsziel und gibt dem Kunden vom Tag der Rechnungsstellung und Versand bis zu 60 Tage, um die Rechnung zu begleichen. Sie könnten eine Anzahlung im Voraus, und dann den Rest nach 30 Tagen verlangen. Bei Zahlungen vor dem 31. Tag kann der Einzelhändler Skonto abziehen (innerhalb von 10 Tagen nach Rechnungsstellung

4 Prozent, vom 11. bis 30. Tag 2,25 Prozent Skonto). Für die meisten jungen Unternehmen sind derartige Zahlungsbedingungen hochproblematisch, da der Cashflow unglaublich wichtig für das Überleben des Unternehmens ist. Größere Warenhäuser setzen oft voraus, dass ihre Zahlungsbedingungen übernommen werden und ziehen 3 bis 5 Prozent Skonto ab, wenn sie innerhalb eines bestimmten Zeitraumes bezahlen. Sie müssen entscheiden, ob Sie mit einem derartigen Einkommensverlust leben können und wie wichtig dieser Kunde für Ihren Umsatz und den Aufbau eines guten Rufs ist.

- ✖ **Akkreditiv:** Der Einzelhändler handelt mit einer Bank ein selbstschuldnerisches Zahlungsversprechen aus. Die Waren müssen genau beschrieben, der Preis genannt, der Schriftverkehr offengelegt und ein Zeitraum zum Beenden der Transaktion festlegt werden. Nach Erhalt des Zahlungsversprechens versenden Sie die Waren. Die meisten Geschäfte lehnen diese Zahlungsmethode jedoch ab, da die Einrichtung relativ teuer ist.

- ✖ **Kreditkarte:** Vor allem für kleinere Einzelhändler ist die Zahlung per Kreditkarte eine gute Alternative, wenn Sie die Möglichkeit haben, diese anzunehmen. Sie müssen die Gebühr, die die Kreditkartenunternehmen für jede Transaktion berechnen, mit einkalkulieren. Sie liegt meist zwischen 1 und 5 Prozent.

Kleinere Labels bieten Ihren Kunden, oft kleine Geschäfte, verschiedene Zahlungsmöglichkeiten an. Je öfter Sie zusammenarbeiten, umso größer die Vertrauensbasis und umso bessere Bedingungen können Sie ihnen einräumen.

Um die Zahlung zu erhalten, müssen Sie Ihren Kunden eine Rechnung stellen. Rechnungen müssen die folgenden Informationen beinhalten:

Informationen von Ihrer Seite:

- Name des Unternehmens
- Kaufmännischer Name
- Logo
- Adresse und Kontaktdetails
- Datum
- Steuernummern (einschließlich USt-IdNr.)
- Rechnungsnummer
- Leistungszeitraum

Kundeninformationen:

- Name des Unternehmens
- Kaufmännischer Name
- Adresse und Kontaktdetails
- Datum
- Steuernummern (einschließlich USt-IdNr.)
- Artikelnummer
- Artikelbeschreibung
- Preis pro Artikel
- Gesamtpreis
- Enthaltene Umsatzsteuer pro Artikel
- Gesamtpreis pro Artikel
- Gesamtpreis, Gesamtumsatzsteuer, Steuersatz
- Zu zahlender Betrag

Ihre Zahlungsmethoden, einschließlich Bankverbindung, oder Hinweis, auf wen der Scheck auszustellen ist, Zahlungsbedingungen und Zahlungsstand sollten auch auf der Rechnung aufgeführt sein. Lassen Sie Ihren Buchhalter überprüfen, ob Sie alle gesetzlichen Anforderungen mit Ihrer Rechnung erfüllt haben.

**FIRMENLOGO**

## Rechnung

NAME DES UNTERNEHMENS

ADRESSE DES UNTERNEHMENS

| |
|---|
| Rechnungs Nr.: |
| Datum: |
| Leistungszeitraum: |

| **KUNDE** |
|---|
| Name des Kunden |
| Adresse des Kunden |

| ARTIKELNUMMER | NAME | HAUPTMATERAL | Größen | Menge | Preis/Einheit | Gesamtpreis |
|---|---|---|---|---|---|---|
| | | | | | | |
| | | | | | | |
| | | | | | | |
| | | | | | | |
| | | | | | | |
| | | | | | | |
| | | | | | | |
| | | | | | | |
| | | | | | | |
| | | | | | | |

| | |
|---|---|
| Zwischensumme | |
| Umsatzsteuer (...%) | |
| Versand | |
| **GESAMTPREIS** | |

**ZAHLUNGSBEDINGUNGEN**

| BANKVERBINDUNG |
|---|

| | |
|---|---|
| Firmierung<br>Name Inhaber/Geschäftsführer | USt-IdNr. |

*Harrods, eines der renommiertesten Einzelhandelsgeschäfte der Welt, ist ein Beispiel für ein klassisches Warenhaus.*

## Einzelhandel

Der größte Vorteil des Direktverkaufs Ihres Produktes ist die Möglichkeit einer größeren Gewinnspanne. In Abhängigkeit von der Art der gewählten Einzelhandelsform gibt es natürlich noch weitere Vorteile.

### Ihr eigenes Geschäft

Ein eigenes Geschäft zu haben, ist der Wunsch vieler Designer, und es kann auch der Großhandelsseite Ihres Unternehmens dienlich sein. Es gibt den Einkäufern die Möglichkeit, das gesamte Konzept Ihrer Marke unter einem Dach zu sehen und gibt ihnen Gewissheit, dass Sie ein verkäufliches Produkt anbieten. Jedoch sorgen die hohen Risiken und Kosten, die damit einhergehen, meist dafür, dass junge Modeunternehmen davor zurückschrecken und warten, bis sie etwas etablierter sind.

Zwar gründen die meisten Modeeinzelhändler kleine, unabhängige Boutiquen, doch der Einzelhandel umfasst weit mehr, nämlich Warenhäuser, Spezialgeschäfte, Boutiquen, Filialbetriebe, Franchisesysteme und Discountläden.

Welcher Typ von Einzelhändler Sie werden, hängt von Ihrer Einzelhandelstheorie ab. Diese beruht auf Ihrem Produkt, Ihrem Idealkunden und der möglichen Größe Ihres Geschäfts. Ihre Optionen sind:

1  **Niedriger Gewinnaufschlag bei hoher Quantität und sehr großer Auswahl** (Einzelhandelskette für die breite Masse)
2  **Höherer Gewinnaufschlag bei geringerer Quantität, doch mit voller Auswahl** (Warenhaus)
3  **Hoher Gewinnaufschlag bei geringer Quantität und kleinerer Auswahl**

Nun sollten Sie über den Standort nachdenken (siehe S. 76f.).

### Internethandel
Der Internethandel ist und bleibt ein unglaublich schnell wachsender Sektor. Accessoire-Labels haben hier viel Erfolg, da Größen in diesem Bereich eine untergeordnete Rolle für den Kunden spielen und es kaum Probleme bei der Rücksendung gibt. Die relativ geringen indirekten Kosten können zu größeren Gewinnspannen führen. Die große Herausforderung ist jedoch, die Leute auf Ihre Website zu bekommen. Was Sie an Geschäftsmiete sparen, müssen Sie vielleicht beim Marketing wieder ausgeben.

Junge Modeunternehmen, die nicht genügend Kapital haben, um ihre eigene E-Boutique zu betreiben, können auf E-Commerce-Seiten wie FashionPublic oder DaWanda handeln, wo sie sich aussuchen, welche Teile sie zu welchen Preisen anbieten. Dadurch wird Ihre Marke gefördert und Ihr Produkt wird Kunden weltweit angeboten. Sie bekommen alle Hilfsmittel, die Sie brauchen, um Ihre Kollektion zu entwerfen und online zu verkaufen. Wird etwas bestellt, werden Sie sofort benachrichtigt, ein Kurier holt die Bestellung ab und liefert sie aus. Nach dem Verkauf wird eine Provision abgezogen und das Geld an Sie überwiesen.

### Märkte
Die Auswahl des richtigen Markts sagt viel über Ihr Geschäft aus. Je höher Ihr Preis, desto mehr Aufmerksamkeit sollten Sie der Wahl schenken. Sie müssen sicherstellen, dass Ihr Markt für die Präsenz von Designerlabels bekannt ist.

### Privatkunden
Viele Labels produzieren am Anfang Einzelstücke oder eine relativ kleine Musterkollektion, die sie dann nach Wunsch für die Kunden in den entsprechenden Größen anfertigen. Der Vorteil hierbei ist, dass Sie Abschlagszahlungen fordern können, wobei die erste Zahlung (Anzahlung) hoch genug sein sollte, um die Herstellungskosten abzudecken. Das bedeutet, dass Ihre ersten Kosten abgedeckt sind. Privatkunden können zu Ihnen kommen oder Sie können zu den Kunden gehen. Dieser Service wird von Leuten geschätzt, die viel Geld, aber wenig Zeit haben.

### Verbraucherschauen
Verbraucherveranstaltungen sind normalerweise recht kurz und Sie können, gegen Bezahlung, einen Stand auf der Veranstaltung einrichten. Ally Ward vom Yogalabel KokoFlow sagt: „Vor der Schau habe ich alle Aussteller des Vorjahres angerufen und wusste somit, was mich erwartet. Der beste Rat war, es mit den Ausgaben nicht zu übertreiben. Ich hielt die Kosten gering und stellte einen einfachen, ansprechenden Stand auf, der ins Auge fiel. Das Wichtigste für mich war, soviel Feedback wie nur möglich zu erhalten. Ich fand es ungemein wertvoll, mit den Kunden, Einkäufern und auch anderen Verkäufern sprechen zu können. Ich habe unzählige Informationen

*Das vom Yoga inspirierte Modelabel KokoFlow nutzte The Yoga Show (eine Verbrauchermesse) zur Markteinführung und erhielt dort wertvolles Feedback von seiner Zielgruppe.*

gesammelt und hatte sehr viel Spaß. Ich habe auch einige Sachen verkauft, doch die Tatsache, dass ich das auf meiner ersten Schau nicht so wichtig nahm, machte alles nur noch besser."

### Fernsehen
Teleshopping-Sender wie QVC bieten einen riesigen Kundenstamm für bestimmte Modelabels. Mit dem richtigen Produkt kann man hier hohe Verkaufszahlen erzielen.

### Hauspartys
Home-Shopping-Partys haben sich seit den frühen Tupperware-Partys weiterentwickelt und können eine brauchbare Methode sein, Ihr Produkt direkt an den Kunden zu verkaufen.

### Trunk-Shows
Trunk-Shows können ganz verschiedene Gesichter haben. Sie können ein Hotelzimmer in einer Großstadt, von der Sie wissen, dass Ihre Kollektion dort gut ankommt, anmieten, Sie können Firmenkunden, die ihren Angestellten in der Mittagspause etwas Besonderes bieten wollen, besuchen, oder Sie können gehobene Sportklubs aufsuchen und den Mitgliedern anbieten, die spezielle Chance zu nutzen, den Designer zu treffen und die Ware direkt zu kaufen. Einige Warenhäuser bieten aufstrebenden Labels auch die Möglichkeit, Trunk-Shows in ihren Läden abzuhalten.

### Musterverkäufe
Die Teilnahme an Musterverkäufen während des ganzen Jahres (wenn Sie genügend Ware haben) kann eine gute Methode sein, um regelmäßige Einnahmen für Ihr Geschäft zu erzielen. Sie müssen jedoch auf der Hut sein, wenn Sie dabei aktuelle Ware (es sei denn, die Ware ist beschädigt) verkaufen, da dies von Ihren Einzelhändlern als Konkurrenz angesehen wird und auch den Wert Ihrer Marke mindert.

# Fallbeispiel: Karen Walker

Karen Walker gründete ihr Unternehmen, Karen Walker Limited, 1989, im Alter von 19 Jahren, als sie noch auf die Modeschule ging. Ihr Gründungskapital bestand aus Ersparnissen in Höhe von 100 NZ$ (etwa 50 €). Sie entwarf und nähte ein Shirt, das sie über eine lokale Boutique verkaufte. Sie gründete allein, weil „ich niemanden kannte, dessen Arbeit mir gefiel und mit dem ich zusammenarbeiten wollte."

Das Label wuchs schnell zu einem sehr erfolgreichen, international tätigen Unternehmen heran. Nach nur vier Jahren eröffnete es sein erstes eigenes Geschäft für Damenmode, 1994 folgte dann das zweite. Im Jahr darauf wurde mit dem Export über die Grenzen Neuseelands hinaus begonnen und 1998 führten es bereits Fachhändler auf der ganzen Welt. Im Jahre 2001 expandierte das Unternehmen über die Modebranche hinaus und brachte in Kooperation mit dem Farbenhersteller Resene seine erste Interior-Linie auf den Markt – Karen Walker Paints. Und die Erweiterung der Produktpalette hält an, so wurde 2003 eine Schmuckkollektion und 2005 eine Brillenkollektion auf den Markt gebracht.

Karen hat sehr klare Vorstellungen von ihrem Markt und von denen, mit denen sie gern arbeitet – „Leute wie wir". „Unser Schwerpunkt lag noch nie auf bestimmten Standorten, sondern auf Persönlichkeiten. Auf diese Weise haben wir eine globale Nischenmarke entwickelt. Unser Mädchen in Tokio ist genau wie unser Mädchen in New York oder Sydney oder London." Karen hat sich mit Leuten umgeben, die sie mag und bewundert, und das scheint das Geheimnis ihres Erfolgs zu sein.

Den schreibt sie allerdings auch der Tatsache zu, dass sie Produkte bietet, die nicht nur gemocht werden, sondern mit denen die Leute sich auch identifizieren können. Eine Schlüsselrolle kommt neben dem Produkt als solchem ihrer Meinung nach der Produktplatzierung zu, „denn das Umfeld sagt einfach viel über dich und deinen Platz auf dem Markt aus." Zu Beginn verfolgte das Unternehmen ausschließlich eine Großhandelsstrategie, doch nun hat es eigene Einzelhandelsgeschäfte. Boutiquen, die ein entspanntes, stylisches, intimes und unterhaltsames Einkaufserlebnis bieten wollen und in denen es sehr viel zu sehen gibt. Karen lizenziert auch Produkte, wieder nach ihrer Devise „Leute wie wir" verfahrend. „Wenn uns die Leute sympathisch sind, sie in 5 Minuten begreifen, worum es geht, sie die erforderlichen Fähigkeiten und Erfahrungen mitbringen und es ein Produkt betrifft, das wir aufregend finden, dann greifen wir zu."

Um für das richtige Produktumfeld zu sorgen, präsentiert Karen auch auf der New York Fashion Week. „Es geht darum, es den Kunden leicht zu machen. Das Produkt soll leicht zu sehen, zu verstehen und zu kaufen sein. Deshalb geht man, um sie zu treffen, zur richtigen Zeit an den richtigen Ort – in unserem Fall während der Fashion Week nach New York. Es gibt aber noch viele andere Möglichkeiten, es den Kunden leicht zu machen."

Auf der Rangliste der wichtigsten Erfolgsfaktoren ordnet Karen Werbung und Preis hinter dem Produkt und seiner Platzierung ein. „PR und Marketing sind natürlich ein integraler Bestandteil der Modebranche, doch ich wusste intuitiv von Anfang an, dass ohne genügend Substanz – eine echte Geschichte oder ein Produkt, das sich sehen lassen kann – die beste PR der Welt nichts nützen würde. Deine PR kann immer nur so gut sein wie das Produkt, das du verkaufst." Der Preis, meint sie, wird durch das Produkt, die Platzierung und die Werbung festgelegt.

Karen zieht ihre Motivation aus der Tatsache, dass sie mag, was sie tut. Sie sagt, sie habe „auf jeden Fall immer noch Spaß, selbst wenn es mal keinen Spaß macht. Ich kann mein Leben organisieren, wie ich will, bin zufrieden und stolz (wenn es gut läuft), und es gibt noch ein paar andere Vorteile." Die Kehrseite der Medaille sei, dass „...es Etliches gibt, worum man sich kümmern muss, was so gar nichts mit interessantem Design zu tun hat – das lenkt sehr ab." Doch wenn man Erfolg haben will, „muss man in der Lage sein, gleichzeitig unternehmerisch zu denken, kreativ zu sein und Verantwortung zu tragen. Man muss auch schnell dazulernen, denn in dieser Branche gibt es nur Laufschritt oder Stillstand. Keinen Spaziergang."

*Karens Anliegen sind Produkte, die gemocht werden und mit denen man sich identifizieren kann.*

Kapitel 12: Eine klare Botschaft

*I*hr neues Modelabel muss eine überzeugende, erkennbare Botschaft übermitteln, mit der sich Einkäufer, Presse und Verbraucher identifizieren können. Wollen Sie also als jung, anspruchsvoll, innovativ, luxuriös, bezahlbar, umgänglich, eigenwillig, sexy, zweckmäßig oder exklusiv rüberkommen?

In der Werbung geht es darum, wie Sie die Botschaft Ihres Labels Ihrer Zielgruppe vermitteln. Die Werbung umfasst viele Bereiche: Verkauf, Anzeigen, Öffentlichkeitsarbeit, besondere Veranstaltungen und Websites. Ihre Strategie sollte sich darauf konzentrieren, die Menschen zum Kauf Ihrer Produkte zu motivieren, daher müssen Sie Ihre Aktivitäten richtig abstimmen. Wenn Sie Einzelhändler sind, müssen Sie den Verbraucher ansprechen. Sind Sie Großhändler, müssen Sie sowohl den Verbraucher als auch die Einzelhändler erreichen.

## Kaufverhalten

Wenn Sie sich damit befassen, wird es Ihnen gelingen, verkaufsfördernde Aktionen zu entwickeln, die den Verkaufsprozess beeinflussen können.

### Typisches Kaufverhalten von Verbrauchern

**Feststellen eines Bedarfs:** Oft durch Berichterstattung in den Medien, Werbung, prominente Fürsprecher oder Mundpropaganda.

**Suchen nach Informationen:** Auf Internetseiten, in der Werbung und in den Medien. Ist Ihr Label schnell zu finden? Empfehlungen aus der entsprechenden Zielgruppe sind sehr wichtig. Optische Mittel wie Kataloge, Poster und dergleichen sind äußerst hilfreich.

**Vergleich mit anderen Anbietern und Produkten:** Auch als „Schaufensterbummel" zu bezeichnen. Sie müssen die Einzigartigkeit Ihres Produkts unterstreichen und so viel wie möglich aus Aufmachung und Darstellung herausholen. Verkäufer haben großen Einfluss. Stellen Sie sicher, dass sie gut über Ihr Produkt Bescheid wissen, und auch die Empfehlung unabhängiger Dritter ist wichtig. Dem Preis-Leistungs-Verhältnis wird große Aufmerksamkeit geschenkt.

**Kaufentscheidung:** Werbung und Kundenservice spielen eine wichtige Rolle.

**Nutzung des Produkts:** Teure Anschaffungen können kognitive Dissonanz hervorrufen (siehe S. 95). Bieten Sie Ihren Kunden ständige Bestärkung durch guten Kundenservice, Werbung und die Empfehlung von unabhängigen Dritten.

Foto: Malcolm Crews

*Typisches Kaufverhalten von Einzelhändlern*
=========================================

**Feststellen eines Bedarfs oder Problems:** *Meist aufgezeigt durch Werbung oder Berichterstattung in den Medien (Handel und Verbraucher).*

**Entwicklung der Produktbeschreibung:** *Pressemitteilungen, Messen, Werbung, redaktionellen Beiträgen sowie relevanten Direktmailings werden besondere Aufmerksamkeit geschenkt.*

**Suche nach Produkten und Anbietern:** *Marketingmaterial wie Lookbooks, Spezifikationen zu Produktreihen und Internetseiten sind von besonderer Bedeutung. Auch Ausstellungen und Verkaufsräume sind wertvolle Informationsquellen. Ab jetzt werden Preisinformationen genau zur Kenntnis genommen.*

**Bewertung der Anbieter und Produkte:** *Jetzt ist der richtige Zeitpunkt, um Ihren Kunden mit Empfehlungen von Dritten zu versorgen. Das können Empfehlungsschreiben von anderen Einzelhändlern sein, an die Sie verkaufen, oder entsprechende Medienberichte. Jetzt wollen die Kunden das Produkt sehen und anfassen, um Stil und Qualität einschätzen zu können.*

**Bestellung:** *Persönlicher Kontakt hilft, die Bestellung perfekt zu machen und die Bestellmenge zu erhöhen.*

**Bewertung des Anbieters und der Produktleistung:** *Je größer die finanzielle Verpflichtung, desto mehr muss der Kunde bestärkt werden. Fortwährende Werbung und Medienberichterstattung sowie Telefonanrufe und E-Mails werden helfen, die Kaufentscheidung zu rechtfertigen.*

**Neubestellungen:** *Die erste Bestellung sollte nicht als Ende des Prozesses betrachtet werden, sondern als Beginn einer langfristigen Beziehung.*

=========================================

# *Werbematerial*

Ihr Werbematerial wird teils für Presse und Einkäufer bestimmt sein, teils direkt den Verbraucher ansprechen.

### Lookbooks

Lookbooks stellen Presse und Einkäufern Ihre Produktlinie oder Ihre Kollektion der neuen Saison vor. Designer, die hauptsächlich für den Laufsteg entwerfen, benutzen meist Laufstegfotos als Bilder für ihre Lookbooks. Die Lookbooks sind oft Ringbuch-Hochglanzbroschüren im A5-Format mit 30 bis 60 Modellen der Modenschau und einem Foto pro Seite.

Das Lookbook muss anschauliche Fotos all Ihrer Schlüsselprodukte enthalten, mit Artikelnummern, Kontaktdetails und Internetadressen. Wenn Sie eine unverbindliche Preisempfehlung und eine Produktbeschreibung für jedes Kleidungsstück ergänzen, können Sie das Lookbook wie einen kleinen Verkaufskatalog nutzen.

Wenn Sie Druckkosten sparen möchten, können Sie auch nur einige sehr aussagekräftige Bilder, die das Wesen Ihrer Kollektion widerspiegeln, in Ihr Lookbook aufnehmen und den Rest auf Ihre Internetseite stellen. Das kann jedoch bedeuten, dass vielbeschäftigte Journalisten nur von der begrenzten Auswahl in Ihrem Lookbook ausgehen.

*Es gibt Lookbooks in verschiedenen Formen und Größen. Sie sind ein wichtiges Hilfsmittel, um Ihre Kollektion bei Presse und Einkäufern zu pushen.*

## Hinweise für den Druck von Lookbooks

**Simon Assirati** – Geschäftsführer, Solutions in Ink

**Bilder:** Der Druck wird immer weitaus schöner, wenn Bilder mit hoher Auflösung benutzt werden.

Auf Mode spezialisierte Druckereien konzentrieren sich auf das Kleidungsstück und nicht auf das Model. Die Aufgabe des Druckers ist es, das Kleidungsstück im Druck so originalgetreu wie möglich wiederzugeben. Dies ist noch schwieriger, wenn man auf verschiedenen Papier- und Kartonmaterialien druckt.

Durch das für den Druck verwendete Material – unbeschichtet, matt, seidenmatt oder hochglänzend – können verschiedene Anmutungen erzielt werden.

Bevor Sie die Druckfreigabe erteilen, lassen Sie sich einen digitalen Korrekturabzug vom Drucker geben, um alles noch einmal genau prüfen zu können. Bei der Farbabstimmung ist der digitale Korrekturabzug zu 80 bis 90 Prozent exakt und dient auch der Prüfung der Rechtschreibung und der richtigen Positionierung der Bilder.

**Materialien:** Die Mehrheit der Lookbooks wird auf Karton mit einheitlicher Grammatur gedruckt, z.B. auf 300 oder 350 g/m², was auch Kosten spart. Bitten Sie Ihren Drucker, Ihnen ein Gratismuster bzw. einen Weißdummy (unbedrucktes Muster im Format und mit der Seitenzahl Ihres Lookbooks) zur Verfügung zu stellen.

Um das Lookbook noch schöner zu gestalten, kann man mit speziellen Methoden das Papier oder den Karton matt, seidenmatt oder hochglänzend beschichten, Folienprägung in verschiedenen Farben anwenden oder durch Prägen des Materials Logos oder einzelne Textabschnitte vertiefen oder erhöhen.

Format und Einband hängen von Ihrem Geschmack ab, doch auch hier spielen Kosten eine Rolle. Die preisgünstigste Methode sieht folgendermaßen aus: Drucken, dann den Karton in Segmente formen und zu einer Broschüre falten. Extravagantere und teurere Lookbooks werden wie eine Zeitschrift zusammengeheftet und gebunden.

**Menge:** Drucken Sie immer nur so viel, dass keine Restexemplare in der nächsten Saison übrig sind. Druckereien werden Ihnen nach Stückzahlen gestaffelte Kostenvoranschläge (z.B. für 500, 1.000 und 1.500 Stück) machen, so dass Sie die Preisunterschiede zwischen diesen Mengen einbeziehen können.

## Fotografie

Die Fotografie ist im Modegeschäft, das von ästhetischen Gesichtspunkten bestimmt wird, besonders wichtig.

Es ist von größter Bedeutung, eine Beziehung zu einem Fotografen, dem Sie vertrauen, herzustellen. Sie werden oft Fototermine haben, die so schnell wie möglich über die Bühne gehen müssen, und dann brauchen Sie jemanden, der Ihnen raten kann, was am besten aussieht und am kostengünstigsten ist. Möglicherweise kann Ihr Fotograf auch bei der Beschaffung von Models, Locations, Haarstylisten und Maskenbildnern behilflich sein.

## Das Fotoshooting

**Rikard Osterlund** – *Freiberuflicher Modefotograf* (www.rikard.co.uk)

*Bevor Sie anfangen, beantworten Sie bitte die folgenden Fragen. Wofür sollen die Fotos verwendet werden? Für wen sind sie? Ein Lookbook (für Einkäufer) muss Einzelheiten zeigen, den Druck und den Umriss Ihres Designs, während es bei Werbung oder für Zeitschriftenartikel (die den Verbraucher ansprechen) eher darauf ankommt, eine Geschichte zu erzählen und eine bestimmte Stimmung zu erzeugen.*

*Die Hauptingredienzen sind: Tolle Kleidung, ein schönes Model und ein talentierter Fotograf.*

**Planung und Vorbereitung:** *Sie müssen alle Kleidungsstücke und Designs bereit haben (gebügelt und gedämpft), erinnern Sie Ihr Team einige Tage vorher an den Fototermin, bringen Sie Ihre Inspirationsquellen, Recherchematerial, Zeitschriftenausrisse und Moodboards (Stimmungscollagen) mit. Haare und Make-up nehmen gewöhnlich ein bis drei Stunden in Anspruch. Erstellen Sie eine Anrufliste (alle Teammitglieder, Kontaktdetails, Adressen, Zeiten und andere Informationen) und geben Sie diese dem ganzen Team.*

**Das Team:** *Fotograf, Model, Verantwortlicher für die Location, Beleuchter, Haarstylist, Maskenbildner, Requisiteur usw. Beraten Sie sich mit Ihrem Team, bevor Sie etwas endgültig beschließen, denn dazu haben Sie die Experten.*

**Fotograf:** *Versuchen Sie den Fotografen zu finden, der Ihre Kollektion am besten in Szene setzt (ein toller Werbefotograf ist nämlich nicht automatisch der beste Modefotograf). Sehen Sie sich die Internetseiten verschiedener Fotografen an. Bitten Sie um persönliche Treffen und schauen Sie sich die Portfolios an (jeder erfahrene Fotograf hat ein Portfolio). Beim Fototermin ist der Fotograf oft der Kreativchef, deshalb sollten Sie auch persönlich gut mit ihm auskommen.*

Die Fotografie spielt eine tragende Rolle bei der Werbung für Ihre Kollektion. Es ist sehr wichtig, dass Sie mit einem Fotografen zusammenarbeiten, der die Botschaft, die Ihr Label vermitteln soll, versteht, und der Ihnen die bestmöglichen Aufnahmen zur Darstellung Ihres Produkts anbieten kann.

**Kosten/Honorar:** Es gibt keine festgelegten Preise für gewerbliche Fotoaufnahmen und die Preise schwanken in Abhängigkeit vom Gebrauch der Fotos:
- *Wo werden die Bilder zu sehen sein (Aufmachung, Internetseite)?*
- *Wie lange werden sie dort zu sehen sein (eine längere Überlassung bringt höhere Gebühren mit sich)?*
- *Gebiet (Deutschland, Großbritannien, USA)?*

*Sie erwerben ein Nutzungsrecht. Das Urheberrecht der Fotos verbleibt aber beim Fotografen.*

**Story:** *Bei der Modefotografie spielen heutzutage die Fotos eine wichtigere Rolle als die Kleidung. Eine Bilderreihe verkörpert die Träume und Wünsche Ihrer Kunden und wird von der Beleuchtung, der Pose und der Hintergrundgeschichte bestimmt.*

**Model:** *Achten Sie darauf, dass die Gesichtszüge und besonderen Merkmale des Models zu Ihrer Kollektion passen. Kontaktieren Sie Agenturen, vergleichen Sie Preise und Models. Sie sollten die Models zu einem Casting einladen und in Ihrer Kleidung sehen, bevor Sie eine Entscheidung treffen. Buchen Sie eine Alternative, falls Ihr Model nicht auftaucht. Sagen Sie Ihrem Model, welche Person es verkörpern soll und welche Story erzählt werden soll.*

*Das Honorar für das Model wird ähnlich berechnet wie das des Fotografen. Das Model muss einen Model-Release-Vertrag unterschreiben, damit Sie die Bilder für den gewünschten Zweck verwenden können. Wenn Sie das Model für ein Lookbook angeheuert haben, doch die Bilder später für eine Kampagne nutzen wollen, müssen Sie die Agentur informieren und zusätzliche Gebühren bezahlen.*

**Location:**
- *Tageslicht – realistisch, sanft*
- *Blitzlicht – plastisch, für Fantasy-Szenen geeignet*
- *Licht ist der wichtigste Faktor, also stellen Sie sicher, dass Innenraum-Locations große Fenster haben.*
- *Nutzen Sie Ihre Kontakte – die Eigentümer von guten Locations wissen, dass diese gut sind, und stellen dementsprechend viel dafür in Rechnung (Versuchen Sie das Vereinbaren von Fototauschgeschäften zu vermeiden, denn wenn die Eigentümer der Location die Fotos für Werbung benutzen, bekommen Sie und Ihr Fotograf Schwierigkeiten).*
- *Requisiten – Finden Sie die richtigen Requisiten, um Ihre Kollektion ins rechte Licht zu rücken.*

**Haarstylisten und Maskenbildner:** *Diese sollten den Charakter des Models herausarbeiten und so dazu beitragen, Ihre Geschichte umzusetzen. Vereinbaren Sie ein Treffen, sehen Sie sich Portfolios an und sondieren Sie, wer gut zu Ihnen passen könnte.*

**Nach dem Fotoshooting:** *Manche Fotografen geben ihren Kunden direkt nach dem Fototermin eine CD mit Bildern zur Ansicht, während andere eine Auswahl auf ihre Internetseite stellen. Sobald die Fotos ausgewählt wurden, wird der digitale Workflow (die digitale Version der Filmentwicklung) in Gang gesetzt. Alle professionellen Modefotos werden retuschiert. Dieser Vorgang ist sehr teuer, daher ist es ratsam, die Auswahl der Fotos zu begrenzen. Sagen Sie Ihrem Fotografen, wofür Sie die Bilder brauchen (Internetseite, Poster, usw.), da die Bilder je nach Verwendungszweck unterschiedlich bearbeitet werden.*

## Datenblätter zu Produktreihen

Es handelt sich hierbei um Verkaufsblätter, die im Großhandelsbereich genutzt werden und Informationen über alle Produkte und Modelle der Saison liefern. Sie werden meist zusammen mit dem Lookbook an Einkäufer geschickt und sollten folgende Informationen beinhalten:

✖ Logo
✖ Saison (Herbst/Winter; Frühling/Sommer)
✖ Artikel
✖ Artikelname
✖ Artikelnummer
✖ Farb- und Stoffinformationen

Auf der Rückseite sollten folgende Informationen stehen:
✖ Lieferzeiten und Bestellstichtage
✖ Mindestbestellmenge
✖ Kontaktinformationen des Vertreters

Zusätzlich:
✖ Stoffprobe

| Story | Artikel-bezeich-nung | Artikel-Nr. | Farbe | Ober-material | Groß-handels-preis (x 2,7) | unverbind-liche Preis-empfehlung | Abbildung |
|---|---|---|---|---|---|---|---|
| Achter-knoten | TABITHA | LG2447 | Schwarz | Lackleder | €96,00 | €251,00 | |
| Achter-knoten | TESSA | LG2461 | Pflaumenfarben | Leder | €91,43 | €258,00 | |
| Achter-knoten | RENE | LG2444 | Schwarze Streifen Himbeerfarben-Schwarz | Stoff | €96,00 | €251,00 | |
| Achter-knoten | SUNNY | LG2442 | Schwarz Himbeerfarben | Lackleder | €86,80 | €2225,00 | |
| Achter-knoten | ISABELLA | LG2420 | Pflaumenfarben | Leather | €79,00 | €206,00 | |
| Achter-knoten | ISABELLA | LG2421 | Schwarze Streifen | Stoff | €79,00 | €206,00 | |
| Achter-knoten | FIFI | LG2438 | Pflaumenfarben Schwarz Cremefarben | Lackleder | €84,00 | €219,00 | |
| Achter-knoten | FIFI | LG2439 | Bronze | Leder | €84,00 | €219,00 | |
| Achter-knoten | FIFI | LG2478 | Himbeerfarben | Wildleder | €84,00 | €219,00 | |
| Achter-knoten | FREDERICA | LG2449 | Pflaumenfarben Bronze Himbeerfarben | Leder | €67,00 | €174,00 | |
| Achter-knoten | FREDERICA | LG2450 | Schwarz Cremefarben | Lackleder | €67,00 | €174,00 | |

*Solche Datenblätter geben dem Einkäufer die Schlüsselinformationen, die er braucht, um eine Bestellung aufzugeben.*

### Geschäftsdrucksachen
Sie brauchen Visitenkarten, einen Briefkopf und Kurzbriefe, die das Image Ihres Labels unterstützen.

### Hängeetiketten
Einzelhändler werden erwarten, dass Sie für Einzelhandelszwecke Hängeetiketten an Ihren Produkten anbringen. Unter Umständen können Hängeetiketten auch im Großhandel (mit Großhandelspreisen) sinnvoll sein und professionell wirken.

*Bei der Entwicklung Ihres Hängeetiketts müssen Sie darauf achten, dass Sie das Image, das Sie mit Ihrer Marke verkörpern wollen, auch hier vermitteln. Das japanische Streetwear-Label Bathing Ape hat sein Logo geschickt in ein Camouflage-Design eingearbeitet und damit die Botschaft seiner Marke unterstrichen.*

### Etikett
Der Kunde nutzt das Etikett, das im Kleidungsstück eingenäht ist, um die Marke zu identifizieren und die Qualität des Kleidungsstücks zu prüfen. Sie lassen Ihr Etikett mit Ihrem Logo weben oder drucken.

Sie benötigen auch Pflegeetiketten. Auf ihnen müssen Informationen zum Stoff und Pflegehinweise stehen. Sie informieren über die Konfektionsgröße des Kleidungsstücks und dessen Herkunftsland (die Gesetze über die Angaben zur Herkunft sind von Land zu Land verschieden).

### Internetseiten
Genau wie ein Schaufenster die Kunden in das Geschäft locken sollte, sollte Ihre Website den Menschen Ihre Marke schmackhaft machen.

Oft sind Websites die erste Anlaufstelle für Medien, Einkäufer und Verbraucher, die nach Informationen über Ihre Marke suchen. Deshalb muss Ihre Botschaft klar kommuniziert werden.

*Tipps zur Planung einer Website*

1 *Wählen Sie bestimmte Farben entsprechend Ihrer Corporate Identity aus und bleiben Sie dabei.*

2 *Vorlagen (Templates) für Websites können ein billiger und effektiver Weg zur Entwicklung Ihrer Seite sein, siehe z.B.:*
*http://templates.nexmedia.de; http://www.xodox.de/; http://www.yamix.de; http://www.template.de/*

3 *Gestalten Sie die Navigation auf der Website so einfach wie möglich.*

4 *Übertreiben Sie es nicht mit Spezialeffekten.*

5 *Achten Sie darauf, dass man die Schrift gut auf dem Hintergrund lesen kann.*

6 *Der Inhalt der Website ist das Entscheidende.*

## Veranstaltungen

### Messen
Auf Messen können Sie die Medien für Handel und Verbraucher treffen und Ihren Namen bewerben, daher sollten Sie eine Pressemappe (siehe S. 152) mitnehmen. Auch Verbrauchermessen verschaffen Ihrer Marke direkte öffentliche Aufmerksamkeit.

### Networking-Veranstaltungen
Es ist wichtig, dass die Menschen, insbesondere die, auf die es ankommt, Sie kennen. Es finden viele offizielle Networking-Veranstaltungen für die Inhaber kleinerer Geschäfte und für die Modeindustrie statt, also halten Sie Ausschau nach Zeitungsankündigungen.

Der Besuch von Partys ist auch eine gute Methode, Ihren Namen bekannt zu machen. Um auf die richtigen Partys, auf die die Modewelt geht, eingeladen zu werden, ist es wichtig, sich mit den Veranstaltungsorganisatoren anzufreunden. Je besser der Ruf Ihres Labels ist, desto mehr Einladungen werden Sie erhalten.

### Modenschauen
Modenschauen bieten Designern jede Saison aufs Neue die Möglichkeit, Weltpresse und Einkäufer einzuladen, um die neuesten Kreationen zu zeigen und dabei so viel öffentliche Aufmerksamkeit wie möglich zu erlangen.

*Modenschauen sind eine tolle Möglichkeit für Modelabels, ihre neuesten Kollektionen zu bewerben. Abhängig davon, welchen Markt Sie erreichen möchten, können diese entweder während der großen internationalen Modewochen stattfinden oder auf Verbrauchermessen direkt für die Öffentlichkeit.*

## Modenschau-Checkliste

### Veranstaltungsort
Ist der Veranstaltungsort groß genug, zentral gelegen und passt er optisch zu Ihrer Marke? Bietet er genügend Platz für einen Laufsteg, Sitzplätze für Gäste und einen großen Backstage-Bereich?

### Risikobeurteilung/Versicherung
Vergewissern Sie sich, dass der Veranstaltungsort über eine Betriebshaftpflichtversicherung verfügt. Wenn Sie die Show selbst veranstalten, müssen Sie selbst eine Betriebshaftpflichtversicherung haben.

### Laufsteg
Ein erhöhter Laufsteg bietet einem großen Publikum die Möglichkeit, die Kollektion, vom Kopf des Models bis zu den Schuhen, genau sehen zu können. Auch ein ebenerdiger Laufsteg kann jedoch gut wirken.

### Musik
Ihre Musik sollte dabei helfen, die Story, die Sie mit Ihrer Kollektion erzählen wollen, glaubhaft zu machen. Für die öffentliche Aufführung von Musik benötigen Sie eine Lizenz der entsprechenden Verwertungsgesellschaft (GEMA). Falls Sie mit einem DJ arbeiten, fragen Sie ihn, ob er die entsprechende Lizenz hat. Wenn nicht, müssen Sie selbst eine beantragen.

### Personal
Hinter den Kulissen benötigen Sie ein Ankleideteam. Studenten von Modeschulen eignen sich oft sehr gut dafür und haben auch häufig Interesse. Sie müssen genau über jedes Outfit, für das sie verantwortlich sind, informiert werden – die Positionierung und Anordnung muss bis ins Detail erklärt werden. Es ist ratsam, auch jemanden dabeizuhaben, der für den Zuschauerraum und die Gäste zuständig ist.

### Choreografie
Der Choreograf bespricht mit Ihnen die Reihenfolge und Zusammenstellung der einzelnen Bilder Ihrer Show und schlägt eine passende Choreografie auf dem Laufsteg vor. Er koordiniert auch den Auftritt der Models während der Show.

### Models
Nutzen Sie angesehene Modelagenturen. Die Anzahl und Qualität der Models hängt von der Größe Ihres Budgets ab. Sie müssen ein Casting abhalten – sehen Sie sich die Portfolios der Models an und lassen Sie sie auf und ab gehen, so dass Sie sich sicher sein können, dass sie zum Stil Ihrer Show passen. Nehmen Sie sich jedoch nicht zuviel Zeit pro Model. Machen Sie Fotos von denen, die Ihnen gefallen, so dass Sie sich an sie erinnern können. Wenn Sie sich entschieden haben, rufen Sie die Agentur an und buchen die Models. Wenn es mehrere Modenschauen zur gleichen Zeit gibt, wird man Ihnen Alternativen anbieten. Die Agentur wird die genaue Auswahl zu einem späteren Zeitpunkt bestätigen. Sie müssen festlegen, zu welcher Uhrzeit die Models am Tag der Modenschau bei Ihnen eintreffen sollen. In der Hauptsaison ist es durchaus üblich, die Models erst vier Stunden vor der Show zu bekommen – wenn andere Modenschauen sich verzögern, werden auch die Models zu spät kommen. Stellen Sie Stärkungen für die Models bereit – Sie möchten schließlich, dass die Models sich gut fühlen und so schön wie möglich aussehen.

Sie müssen den Verwendungszweck unbedingt mit den Agenturen abklären. Die Gebühren beinhalten meist nur die Modenschau. Wenn Sie die Fotos der Show hingegen später für Lookbooks, Websites oder Werbung nutzen möchten, müssen Sie mehr bezahlen.

### Fotograf
*Buchen Sie einen Fotografen, um Fotos für die Pressekontakte zu machen, die nicht kommen konnten. Versuchen Sie einen Fotografen zu bekommen, der gute Pressekontakte hat und der schon auf vielen Modenschauen fotografiert hat. Auf www.vogue.com und www.style.com finden Sie die Art Fotos, die Sie anstreben sollten.*

### Beleuchtung
*Suchen Sie sich professionelle Hilfe. Das muss nicht teuer sein, doch Sie benötigen die richtige Beleuchtung für die Fotos.*

### Haare und Make-up
*Sie benötigen ein spezielles Haar- und Make-up-Team. Dieses wird zwischen 30 und 60 Minuten pro Model brauchen. Modeschulen und Friseursalons sind gute Adressen um Leute zu finden, die umsonst arbeiten – solange sie erwähnt werden. Vielleicht können Sie sich sogar sponsern lassen (siehe unten).*

### Einladungen
*Diese sollten mindestens vier Wochen vor Ihrer Modenschau verschickt werden (kurzfristiger, wenn Sie an einer offiziellen Modewoche teilnehmen und Ihr Name in einen festen Zeitplan eingefügt wird). Die Einladungen sollten sechs Wochen vorher in den Druck gehen. Wenn die Show näher rückt, tätigen Sie ein paar Anrufe, um die Gästezahl besser einschätzen zu können und einen Sitzplan aufstellen zu können. Es ist üblich, die Presse auf der einen Seite und Einkäufer, Prominente und VIPs auf der anderen Seite zu platzieren.*

### Moderator
*Wenn Sie eine Modenschau für Verbraucher und nicht für Einkäufer und Presse organisieren, kann ein Moderator – mit Humor und Selbstbewusstsein –, der die Show präsentiert, eine gute Idee sein. Sie sollten ein Skript für ihn entwerfen, so dass alle Sponsoren erwähnt werden und die wichtigen Punkte über Ihre Kollektion vermittelt werden.*

### Danksagung und Pressemitteilung
*Eine Liste mit Danksagungen, Sponsorenlogo und einer exklusiven Pressemitteilung (mit Ihren Kontaktdetails) über Ihre Kollektion sollten auf jedem Platz liegen.*

### Presse und Medien
*Versenden Sie einen Monat vor der Modenschau eine Pressemitteilung und stellen Sie per Anruf sicher, dass sie die Richtigen erreicht hat. Zwei Wochen vor der Schau sollten Sie eine zweite Pressemitteilung verschicken und wieder anrufen. Sie müssen der Presse einen Aufhänger und eine Richtung geben. Modenschauen liefern wunderbares visuelles Material und schaffen es oft schnell in regionale und auch überregionale Fernsehshows.*

===================================================

## Pressetage

Labels, die sich nicht auf Modenschauen zeigen, organisieren oft einen Tag, an dem die Presse die Kollektion persönlich anschauen kann, meist in Hotels, an einem anderen zentralen Ort oder im Atelier des Designers. Für ein unbekanntes Label kann es schwer sein, die Presse davon zu überzeugen teilzunehmen – und es könnte effektiver sein, die Kollektion zur Presse zu bringen, besonders am Anfang.

Marken wie Mizani arbeiten mit Designern und Modenschauen zusammen, die ihre eigene Markenidentität ergänzen und ihre Produkte einer breiteren Öffentlichkeit nahebringen.

## Sponsoring / Zusammenarbeit

Sponsoring ist bei Modenschauen sehr verbreitet. Die Großen in der Schönheits- und Lifestylebranche, etwa L'Oréal, beteiligen sich oft im Haar- und Make-up-Bereich – das könnte der Öffentlichkeit vermitteln, dass Sie mit den Größten und Besten der Branche zusammenarbeiten.

Nzinga Russell für Mizani:

„Mizani ist eine hochwertige Haarpflegekollektion, die speziell für eine extrem lockige Haarstruktur entworfen wurde. Als exklusive, nur im Salon erhältliche, professionelle Marke engagieren wir uns für die Stylisten, und unsere Leidenschaft für Mode und Kreativität ist Teil dieses Engagements. Darum erwies sich Kulture 2 Couture als perfekt für uns. Als wachsende Marke sind wir ständig auf der Suche nach Möglichkeiten, unseren Namen bekannter zu machen und Kreativität anzuregen. K2C erfüllte beide Anforderungen, da es uns ermöglichte, unsere Verbindung zur Modebranche auszubauen. Die Unterstützung von aufstrebenden Talenten ist oft eine der dankbarsten und aufregendsten Methoden dafür. Es ist immer gut, wenn man schon früh an einer Initiative beteiligt ist, da man dann zwischen beiden Marken richtige Synergien und eine gute Zusammenarbeit entwickeln kann. Haare und Mode sind untrennbar miteinander verbunden, was bedeutet, dass unsere Beziehung nicht nur geschäftlich äußerst sinnvoll war, sondern dass wir auch grundsätzlich voller Leidenschaft dabei waren, was natürlich von unglaublichem Vorteil ist."

Designer werden oft gebeten, an Gemeinschaftsprojekten teilzunehmen. Eine Make-up-Marke bittet einen Designer, eine Make-up-Tasche in limitierter Auflage zu entwerfen. Eine Handyfirma möchte eine Handytasche für Werbezwecke. Dies sind tolle Möglichkeiten für Ihr Label, bekannter zu werden, und es stellt eine willkommene Einnahmequelle dar. Oft sind es zwar die Marketingchefs, die auf den Designer zugehen, doch sollte man keine Angst haben, es selbst zu versuchen, wenn man eine gute Idee hat, die wunderbar zur Marketingstrategie einer anderen Firma passt.

Caroline Mackay, Brand-Managerin für Knomo:

„Als neue, technisch relevante Accessoiremarke wollten wir die Modewelt für uns erschließen und richtig Eindruck bei der Modepresse machen. Wir wurden auf die

*Die Labels Knomo und Belle & Bunty arbeiteten bei diesem Projekt erfolgreich zusammen, um mehr Aufmerksamkeit bei den Medien zu erregen.*

Modeveranstaltung On|Off aufmerksam gemacht und sind auf die wunderschönen Designs des Modelabels Belle & Bunty gestoßen. Gemeinsam kam uns die Idee, unsere meistverkaufte Damentasche „Cholet" mit deren eindrucksvollen Prints zu versehen. Unsere Hoffnungen wurden auf jeden Fall erfüllt – die Taschen waren ein Riesenhit bei den Kunden und waren in Marie Claire und Grazia zu sehen; wir haben nur bereut, nicht mehr produziert zu haben."

## *Öffentlichkeitsarbeit / Public Relations (PR)*

Öffentlichkeitsarbeit ist äußerst wichtig für die Vermittlung der Botschaft Ihres Labels und ist ein viel kostengünstigeres Medium als die Werbung. Es passt gut in die Modebranche, weil es hier ständig etwas Neues zu berichten gibt.

### Was zeichnet Sie aus? Was macht Sie anders?

Sie müssen erkennen, worüber die Modepresse gern berichtet. Untersuchen Sie, wie Zeitschriften die Modeseiten zusammenstellen und warum.

Niki Turner, PR- und Marketing-Managerin bei Kurt Geiger:

„Denken Sie sich in die Publikation, die Sie zu erreichen versuchen, hinein. Demonstrieren Sie Ihr Wissen über das Blatt und machen Sie keinen Rundumschlag, nur um eine Story zu bekommen. Finden Sie einen markanten Ansatzpunkt für jede Veröffentlichung und versuchen Sie es nur, wenn Sie eine Story haben, die relevant und interessant ist. Vergessen Sie nicht, dass ein Journalist Hunderte solcher Pressemitteilungen pro Woche erhält, also seien Sie einfallsreich und versuchen Sie den besten Ansatz zu finden, um Aufmerksamkeit zu erregen, ohne dabei Ihrer Marke zu schaden. Die häufigste Klage, die ich von Modejournalisten höre, ist die, dass ihnen unheimlich viel Müll zugesandt wird, der nichts mit ihrem Blatt oder ihrer Kolumne zu tun hat. Journalisten möchten Geschichten hören, die einen guten Aufhänger haben und die berichtenswert sind, Dinge wie Zusammenschlüsse, Zusammenarbeit mit Wohltätigkeitsorganisationen und Prominentengeschichten."

## Wie man Erwähnung in den Medien findet

- **Spielen Sie Reporter:** Denken Sie wie ein Journalist. Was wollen die Journalisten für ihre Leserschaft schreiben? Welche Themen oder Produkte sind von Interesse? Welche Ansätze werden sie neu und provokativ finden?
- **Maßgeschneiderte Argumente:** Wenn Sie Ihre Idee anbringen, dann schneiden Sie sie auf speziell diesen Reporter zu: „Ich denke, das könnte für Sie interessant sein, weil...".
- **Denken Sie langfristig:** Lernen Sie die Journalisten besser kennen, so dass, auch wenn der Reporter Ihr Angebot dieses Mal nicht annimmt, Sie sich sicher sein können, dass der nächste Versuch auf Interesse stoßen wird. Beziehungen sind ungemein wichtig.

### Pressemappe

Eine einfache Pressemappe sollte beinhalten: Geschichte Ihres Labels und Überblick; Biografie des Designers; Lookbook; gegebenenfalls CD-ROM mit Bildern und Texten; Pressemitteilung; Kontaktdetails. Die Geschichte des Labels und die Biografie des Designers müssen natürlich ständig auf den neuesten Stand gebracht werden, während das Lookbook nur jede Saison erneuert werden muss, um Ihre neue Produktpalette zu zeigen. Die Journalisten und Stylisten werden das Lookbook nach besonderen Teilen durchsehen, die sie für ihre Publikation fotografieren wollen. Pressemitteilungen sollten genau auf die jeweilige Ankündigung oder Story zugeschnitten sein. Typische Ankündigungen, die möglicherweise veröffentlicht werden könnten, sind die Markteinführung Ihrer neuen Kollektion, neue Absatzmärkte und Vertragshändler für Ihr Produkt, Zusammenarbeit mit Prominenten.

## Aufbau einer typischen Pressemitteilung

**ZUR SOFORTIGEN VERÖFFENTLICHUNG**
*Diese Worte sollten links oben in Großbuchstaben erscheinen.*

**Überschrift**
*Ein Satz, der das Wesentliche der Pressemitteilung enthält.*

**Datumszeile**
*Der Ort, an dem die Pressemitteilung verfasst wurde und das Datum, an dem Sie sie abgeschickt haben.*

**Eröffnungsabsatz**
*Ein überzeugender, einleitender Absatz sollte die Aufmerksamkeit des Lesers erregen und sollte die Informationen enthalten, die für Ihre Botschaft am wichtigsten sind, wie die fünf Ws (Wer? Was? Wann? Wo? Warum?). Er sollte eine kurze Zusammenfassung Ihrer Pressemitteilung darstellen und einen Aufhänger haben, der die Leserschaft zum Weiterlesen veranlasst.*

**Hauptteil**
*Hier sollte sich Ihre Botschaft voll entwickeln. Viele Firmen nutzen eine Strategie, die als „umgekehrte Pyramide" bezeichnet wird und bei der man die wichtigsten Informationen und Zitate als erstes anführt.*

***Info-Absatz***
*Ihre Pressemitteilung sollte mit einem kurzen Absatz enden, in dem Sie Ihr Label, Ihre Produkte, Ihren Service und Ihren Werdegang kurz beschreiben.*

**Kontaktdetails**
*Name, Telefonnummer, E-Mail-Adresse und Website*

==================================================

Die Pressemappe garantiert natürlich nicht, dass Ihre Pressemitteilung veröffentlicht wird. Bei der Öffentlichkeitsarbeit muss man Kontakte mit den Medien entwickeln. Sie müssen die Journalisten, die für die Kolumne, an der Sie Interesse haben, verantwortlich sind, anrufen und persönlich mit ihnen sprechen. Sie müssen genau wissen, was Sie bei diesem Anruf sagen wollen, und Sie müssen sicherstellen, dass Sie es der richtigen Person sagen. Wenn die Beziehung erst einmal besteht, werden die Journalisten Sie anrufen (siehe unten), um Ihre Produkte für Fototermine und redaktionelle Artikel zu bekommen. Wenn das geschieht, wissen Sie, dass die Beziehung gut funktioniert.

==================================================

***AUFGABE***

**Entwerfen Sie eine Liste mit 20 Journalisten oder Redakteuren**
*Suchen Sie die Publikationen heraus, deren Leserschaften Ihren Zielkunden am ehesten entsprechen. Gehen Sie diese Publikationen langsam durch und machen Sie eine Liste mit den wichtigsten Journalisten und den Seiten, für die diese verantwortlich sind. Begrenzen Sie diese Liste auf die wichtigsten 20 Journalisten. Diese werden der Mittelpunkt Ihrer PR-Aktivitäten werden.*

==================================================

## Anfragen von Journalisten

Wenn Journalisten oder Stylisten Ihr Produkt für Fotos für ein Stillleben oder einen Leitartikel benutzen möchten, werden sie Sie anrufen. Sie werden Ihnen sagen, dass sie an einem bestimmten Teil Ihrer Kollektion interessiert sind, das sie in Ihrem Lookbook gesehen haben. Wenn Sie nur ein paar Fotos in Ihrem Lookbook haben, sollten Sie jetzt auf die zusätzlichen Fotos auf Ihrer Website hinweisen. Je mehr Fotos ausgewählt werden, desto größer ist die Wahrscheinlichkeit, dass noch etwas für den Artikel fotografiert wird.

Wer Ihr Produkt zu dem Journalisten oder Stylisten sendet, hängt von der Publikation oder dem Programm, das das Produkt verlangt, ab. Große Redaktionen und Fernsehsender werden oft ihren eigenen Kurier schicken und auch selbst bezahlen. Sie werden dann auch für die Rücksendung verantwortlich sein. Natürlich hängt es davon ab, ob Sie in der Nähe der wichtigen Medienfirmen ansässig sind. Ansonsten könnten auch Sie für die Lieferung der Kollektion verantwortlich sein. Scheuen Sie sich nicht zu fragen, ob man Ihre Produkte abholen kann.

Wenn Sie weit entfernt von allen wichtigen Medienfirmen angesiedelt sind, sollten Sie vielleicht in Erwägung ziehen, sich von einer PR-Agentur repräsentieren zu lassen, die ihren Sitz in der Nähe der Medienfirmen hat. Diese können dann Muster Ihrer wichtigsten Teile bereithalten und die Verantwortung für alle Presseanfragen übernehmen.

### Die Übersicht behalten

Nachdem Ihr Produkt angefragt wurde, schreiben Sie sich genau auf, was wann wohin gesandt wurde und wann der Fototermin stattfindet. Behalten Sie eine Kopie selbst und legen Sie die andere (mit Kontaktdetails) in das Paket mit dem gewünschten Produkt. Fügen Sie auch eine Ausschlussklausel hinzu, die besagt, dass beschädigte oder nicht zurückgegebene Produkte voll bezahlt werden müssen. Die Medien können teilweise Hunderte Teile für einen bestimmten Tag angefragt haben, die alle in der Modeabteilung landen, und dabei kann schon einmal etwas verlorengehen. Sie wollen Ihre Stücke natürlich zurückhaben, sobald der Fototermin vorbei ist, so dass sie wieder verfügbar sind, wenn sie das nächste Mal angefragt werden.

### Pressebuch und Show-Cards

Wenn ein Produkt angefragt wird, heißt das noch lange nicht, dass es auch in der endgültigen Publikation oder Sendung auftaucht. Wenn Ihr Produkt in einer Zeitschrift erscheinen wird, erhalten Sie gewöhnlich einen Anruf und werden nach einer unverbindlichen Preisempfehlung und nach einer Fachhändleradresse und dessen Telefonnummer gefragt. Sobald Sie wissen, dass Ihr Produkt erwähnt wird, finden Sie heraus, in welcher Ausgabe. Kaufen Sie sich diese Ausgabe und nehmen Sie sie in Ihr Pressebuch auf. Das Pressebuch ist ein gutes Instrument, um Einkäufern, Verbrauchern und potentiellen Investoren zu zeigen, wie viel Aufsehen Ihr Label erzeugt. Sie können jegliche Berichterstattung natürlich auch auf Ihrer Website veröffentlichen.

Bei einer richtig guten Berichterstattung können Sie die Publikation, gegen eine Gebühr, um Show-Cards, Nachdrucke der Sie betreffenden Seiten, bitten. Präsentieren Sie Ihre Show-Cards gut sichtbar auf Messen, um potentiellen Einkäufern zu zeigen, dass Ihr Label in aller Munde ist. Sie können auch ein paar Show-Cards mehr bestellen und an die Fachhändler weiterleiten, die das Teil, das in der Zeitschrift gezeigt wird, gekauft haben.

### Prominente ausstatten

Wenn Sie den richtigen Prominenten dazu bringen können, Ihr Produkt zu unterstützen, kann das für Ihr Modelabel Wunder wirken. Sie müssen sich jedoch im Klaren sein, dass die Botschaft, die Sie aussenden, unwiederbringlich mit der Person des Prominenten verbunden ist. Wenn Sie teure Kleider für Auftritte auf dem roten Teppich produzieren und Ihr Prominenter ein angesehener und mondäner Hollywoodstar ist, ist das natürlich toll. Doch wenn Sie jemanden nehmen, der als billig und geschmacklos verschrien ist, tun Sie Ihrem Label nichts Gutes.

Der Schlüssel zum Ankleiden von Prominenten liegt darin, eine Verbindung zu ihren Stylisten aufzubauen. Obwohl die Prominenten letztendlich natürlich selbst entscheiden, was ihnen am besten steht, werden sie doch oft stark von ihren Stylisten beeinflusst. Je bekannter Ihr Modelabel ist, desto wahrscheinlicher ist es, dass ein Stylist Sie kontaktieren und nach Ihrem Produkt fragen wird. Es gibt jedoch Seiten wie Red Pages (www.theredpages.co.uk), die gegen eine monatliche Gebühr Zugang zu Kontaktdaten von Prominenten weltweit ermöglichen. Meist wird ein Agent, der den Prominenten repräsentiert, als Kontakt angegeben. Sie müssen dann diesen Agenten kontaktieren, damit er Ihnen zurückschreibt und Sie an den Stylisten verweist.

Oz und Kat Aalam von der Londoner Boutique Damsel sagen:

„Am hilfreichsten für unseren Verkauf sind Zeitschriftenbeiträge oder die Verbindung mit Prominenten."

*Show-Cards sind ideal, um Einkäufern und Verbrauchern zu zeigen, was in der Presse über Sie berichtet wurde, und sie können sich verkaufsfördernd auf Ihr Produkt auswirken.*

**Inhouse oder Agentur**
Wenn der Gedanke, einfach so einen Journalisten anzurufen, kalten Angstschweiß bei Ihnen auslöst, sollten Sie besser jemanden suchen, der die Öffentlichkeitsarbeit für Sie erledigt, entweder betriebsintern oder bei einer renommierten auf Mode und Lifestyle ausgerichteten PR-Agentur.

## Pro und Contra

### Inhouse

**Vorteile:**
- Zugang zu anderen internen Schlüsselfunktionen vor Ort
- Viele externe Anfragen können schnell und effektiv bearbeitet werden
- Marktposition und Werdegang der Marke sind bereits klar
- 100 Prozent Einsatz und Aufmerksamkeit für Ihr Label

**Nachteil:**
- Fixkosten für Sie (Teilzeitkraft möglich)

### Agentur

**Vorteile:**
- Qualifiziertes Team mit entsprechenden Hilfsmitteln (Autoren und Produktion)
- Durch Objektivität könnten neuer Ansatz und neue Ideen zustande kommen
- Breitere Kontaktpalette und mehr Erfahrung
- Schwankende Kosten für Sie (keine Fixkosten)

**Nachteil:**
- Hauptaugenmerk könnte auf größeren Kunden liegen

PR-Agenturen arbeiten normalerweise auf einer Vorschussbasis und die Kosten können stark schwanken, von 650 € im Monat für eine kleinere, relativ neue Agentur bis zu mehr als 13.000 € für die bekannten Agenturen, die mit etablierten Marken zusammenarbeiten. Wenn Sie ein sehr geringes Budget haben, sollten Sie Ihr Geld jedoch lieber im Verkauf ausgeben als für eine Agentur, die eine eher langfristige Investition darstellt. Es gibt Hunderte von Modelabels, von denen Sie noch nie gehört haben, da Sie nicht oft in den Medien auftauchen, die aber gut verdienen. Diese Labels haben sich mit Marketing- und Verkaufstätigkeiten auf die Entwicklung eines starken Kundenstamms konzentriert, anstatt ständig der Presse nachzujagen. Aller Presserummel kann Ihrem Geschäft nicht helfen, wenn Ihr Produkt den Verbraucher enttäuscht.

Kapitel 13: Finanzierung

*D*ie finanzielle Seite der Gründung eines Modelabels ist der Bereich, den aufstrebende Gründer in der Branche häufig zuallerletzt angehen. Es ist jedoch ratsam, die finanziellen Gesichtspunkte Ihres Unternehmens gleich am Anfang zu klären. Caroline Charles drückt es so aus: „Versuchen Sie, Design und Marketing nicht von der Finanzierung zu trennen – je eher Sie all dies als Bestandteil der kreativen Tätigkeit annehmen, umso mehr Erfolg und Spaß werden Sie haben." Dieses Kapitel stellt Ihnen die Maßnahmen vor, die Sie einleiten müssen, um Ihr Unternehmen in Gang zu bringen und es auf ein wirtschaftlich rentables Niveau zu heben. Dazu zählen die Kosten für Geschäftsräume, Herstellung, Marketing, Büroausstattung und unvorhergesehene Fälle.

## Kostenplan

*Stand der Marke Converse auf der Modemesse Bread & Butter*

Das Ermitteln der Gründungskosten erweist sich für neue Modelabels oft als kompliziert. Die untenstehende Tabelle nennt die hauptsächlichen zu Beginn anfallenden Kosten und typische laufende Kosten, die auf Sie zukommen können. Recherchen zu den genannten Bereichen sollten Sie in die Lage versetzen, eine gute Schätzung für den jeweiligen Bereich vorzunehmen. Sehen Sie einen angemessenen Monatsverdienst vor, auch wenn Sie am Anfang keine Entnahmen tätigen können. Da Sie nur über begrenzte Mittel verfügen, müssen Sie Ihre Kosten nach Prioritäten einteilen.

## Gründungskosten

| Anfangskosten | Laufende Kosten |
|---|---|
| Gebühren für Gründung und Eintragung in das zuständige Register | Miete, Pacht |
| Rechtsanwalt und Steuerberater | Nebenkosten |
| Büro-/Atelierkosten: Miete, Kaution oder Immobilienerwerb, Möbel, Betriebsmittel | Personalkosten, Ihr Gehalt |
| Recherche: Produktion, Stoff-/Zutatenlieferanten, Messen, Kundenstamm | Produktion |
| Reisen | Marketing/Vertrieb/Werbung |
| Werbematerial: Visitenkarten, Briefpapier, Websites etc. | Reisen |
| Prototypen und Musterkollektionen | Versicherungen |
| | Steuern |
| | Zinskosten für Fremdkapital |
| | Betriebskapital |

**Umsatzvorschau**

Die Vorausschätzung der Umsätze kann sehr viel schwieriger sein als die Schätzung der Kosten. Die meisten Existenzgründer in der Modebranche haben keinen Ausgangspunkt, von dem aus sie den Umsatz vorausberechnen können. Auf der Grundlage Ihrer Marktrecherche müssen Sie Vermutungen anstellen. Nach dem ersten Jahr Ihres Bestehens können Sie zumindest mit den Zahlen des Vorjahres arbeiten.

Beginnen Sie, indem Sie festlegen, wie viele Läden Sie in Ihrer ersten Saison zu beliefern planen. Am Anfang können sich die Bestellungen der Boutiquen in einer Größenordnung von nur 1.300 € bis 1.500 € bewegen – die Einkäufer wollen sicher erst abwarten, wie gut Sie sich verkaufen. Wenn Sie beabsichtigen, an Einzelhandelsketten zu verkaufen, können die bestellten Stückzahlen jeweils in die Hunderte oder Tausende gehen, was jeweils Zehntausende Euro an Einnahmen bringen kann.

Wenn Sie in einem frühen Stadium die Einnahmen vorausschätzen, dann schauen Sie sich diese Werte an und stellen Sie sich die Frage: „Was wäre, wenn?" Was wäre, wenn Sie nur halb so viel absetzen? Was, wenn es nur ein Viertel dessen ist? Was, wenn Sie in der ersten Saison gar nichts verkaufen? Das sind die Szenarien, die gleich zu Beginn drastische Auswirkungen auf Ihr Unternehmen haben können.

Zwar mag Ihr Eigenkapital das Gros der Gründungskosten abdecken, doch Sie benötigen vielleicht eine Finanzspritze zur Finanzierung der Produktion in der ersten Saison. Wenn Sie beizeiten den Fehlbetrag ermitteln, sind Sie in der Lage, früh genug Kontakt mit Ihrer Bank wegen eines Kontokorrentkredites aufzunehmen, damit er Ihnen im Bedarfsfall zur Verfügung steht.

## *Fremdfinanzierung*

Stellen Sie genau fest, welche finanziellen Mittel Ihnen zur Verfügung stehen. Setzen Sie sich mit den Konditionen einer Fremdfinanzierung auseinander. Lassen Sie sich von Ihrem Existenzgründungsberater zu den verschiedenen Möglichkeiten beraten:

- ✖ Eigenkapital
- ✖ Freunde und Verwandte
- ✖ Banken und Sparkassen (Existenzgründer-Finanzierungsprogramme Ihrer Hausbank)
- ✖ Förderprogramme
- ✖ Business Angels/Beteiligungsgesellschaften
- ✖ Lieferantenkredite

**Eigenkapital**

Wenn der Kapitalbedarf für Ihre Gründung relativ gering ist, können Sie ihn möglicherweise durch Ihr Eigenkapital abdecken. So behalten Sie die Kontrolle, da Sie nicht von den Geschenken anderer abhängig sind, die dafür unter Umständen in betrieblichen Angelegenheiten mitbestimmen wollen. Der offensichtliche Nachteil ist, dass es Ihr eigenes Geld ist, das auf dem Spiel steht!

**Freunde und Verwandte**

Sich Geld von Freunden und Verwandten zu borgen, ist häufig eine gefühlsmäßige Entscheidung. Es kann Beziehungen sehr strapazieren, wenn die Darlehensbedingungen nicht vollständig benannt oder eingehalten werden. Halten Sie schriftlich fest, zu welchen Bedingungen das Geld verliehen wird und wie und unter welchen Umständen die Rückzahlung erfolgen soll.

**Banken und Bausparkassen**

Banken und Bausparkassen gewähren ein Darlehen oder einen Kontokorrentkredit, wenn Sie ein ausgereiftes Konzept vorlegen und die Rentabilität Ihres Unternehmensplans nachweisen können. Diese Entscheidungen werden jedoch häufig von Computern generiert, die von Ihrer aktuellen Lage ausgehen, um eine Risikobewertung vorzunehmen.

Darlehen sollten im Idealfall für die Finanzierung von Anlagegütern verwendet werden, etwa für Nähmaschinen oder Computer, für das Gründungskapital und andere Fälle, in denen der Bedarf an Mitteln feststeht. Üblicherweise werden Sicherheiten (z.B. Bürgschaften, Grundbuchauszüge) verlangt.

Ein Kontokorrentkredit dient häufig der kurzfristigen Sicherung des Zahlungsflusses, beispielsweise für das Betriebskapital und laufende Kosten. Ausgaben werden zwar vorzugsweise über Verkaufseinnahmen getätigt, doch bei kurzfristigen Engpässen bietet sich die Nutzung eines Kontokorrentkredits durchaus an.

Sie sollten über Ihren potentiellen Kreditgeber Erkundungen einholen. Vergleichen Sie Darlehenszinsen und geforderte Sicherheiten mit anderen Anbietern.

---

*WICHTIG*

*Die meisten Kreditgeber erwarten von Ihnen, dass Sie*
- *Eigenmittel in einer bestimmten Höhe aufbringen*
- *eine „Rückfallversicherung" für den Fall geben, dass das Unternehmen scheitern sollte*
- *über Sicherheiten verfügen – lassen Sie sich von Fachleuten beraten, bevor Sie einen Darlehensvertrag abschließen*
- *sie regelmäßig über Ihre Fortschritte, insbesondere aber über Veränderungen und Probleme in Kenntnis setzen*
- *einen umfassenden Businessplan vorlegen können*

### Förderprogramme

Der Bund, die Länder und die EU unterstützen den Start in die unternehmerische Selbstständigkeit durch Förderprogramme. Dabei handelt es sich meistens um Darlehen, aber auch um nicht rückzahlungspflichtige Zuschüsse. Sie müssen möglicherweise sehr viel Zeit in die Recherche und erst recht in die Antragstellung stecken, um in den Genuss des für Sie in Frage kommenden Förderprogramms zu kommen. Achten Sie nur darauf, dass die Zeit, die Sie dafür aufwenden, Ihr Unternehmen unterm Strich nicht mehr kostet, als das Darlehen Ihnen bringt.

Das Existenzgründerportal des Bundesministeriums für Wirtschaft und Technologie (www.existenzgruender.de/index.php) bietet einen guten Überblick über Förderprogramme des Bundes, der Länder und der Europäischen Union.

### Business Angels und Beteiligungsgesellschaften

Business Angels sind finanzkräftige Privatinvestoren, die Kapital in kleine, risikoreiche Unternehmen mit herausragendem Businessplan einbringen. Sie stellen häufig auch Ihr Know-how zur Verfügung, um Ihrer Investition zur bestmöglichen Erfolgschance zu verhelfen. Sie steigen in der Frühphase in Unternehmen ein, vermitteln Kontakte zu Geschäftspartnern und stehen für alle betriebswirtschaftlichen Fragen zur Verfügung, nehmen jedoch nicht am operativen Geschäft teil. Wer einen Business Angel in Anspruch nehmen will, sollte sich an ein entsprechendes Netzwerk wenden. Im Dachverband, dem Business Angels Netzwerk Deutschland e.V. (www.business-angels.de/), sind allein 40 solcher Netzwerke organisiert, die bundesweit oder regional aktiv sind. Gründer und junge Unternehmer sollten sich möglichst gleich an mehrere Netzwerke wenden.

Beteiligungsgesellschaften sind Unternehmen beim Wachstum behilflich, indem sie Investitionen in Millionenhöhe vornehmen, und zwar in Form von Einlagen als Stamm- oder Grundkapital, aber auch als stille Beteiligung am Unternehmen. Die Modebranche ist sehr risikobehaftet für Beteiligungsgesellschaften, da in diesem Bereich keine hohen oder schnellen Einkünfte zu erwarten sind.

Haben Sie sich erst einmal für den richtigen Weg entschieden, ist es nötig, einen Finanzierungsplan zu erstellen, der sowohl Ihnen als auch Ihrem künftigen Kreditgeber schlüssig erscheint.

## *Unterbreiten Sie ein Angebot, das man nicht ablehnen kann*

Ihr Businessplan sollte Ihr genaues unternehmerisches Vorhaben knapp und so deutlich wie möglich beschreiben. Er sollte Wesen und Art Ihres Unternehmens benennen, Eigeninvestitionen erläutern und erklären, wie diese verwendet werden sollen für:
- das Erreichen spezifischer, auch finanzieller Ziele
- das Einhalten von Zeitvorgaben
- die Wettbewerbsanalyse
- die Marktrecherche

Der Businessplan sollte „wasserdicht" sein und künftige Kreditgeber davon überzeugen, dass ihr Kapital in Ihrem Unternehmen gut angelegt ist. Es gibt viele Beratungsstellen, die Ihnen bei der Ausarbeitung Ihres Businessplans helfen. Dazu gehören zum Beispiel die Existenzgründungsberater der Industrie- und Handelskammern, der Handwerkskammern oder auch der regionalen Gründungsinitiativen.

Erkundigen Sie sich, ob man Ihnen jemanden empfehlen kann, der sich mit der Modebranche auskennt. Darüber hinaus gibt es zahlreiche Businessplan-Wettbewerbe, die Sie bei der perfekten Ausarbeitung ihres Unternehmenskonzepts unterstützen. Der Online-Business-Planer des Existenzgründerportals des Bundesministeriums für Wirtschaft und Technologie (www.existenzgruender.de/businessplaner/) kann Ihnen zur Orientierung dienen.

## Bestandteile eines Businessplans

1. Deckblatt
2. Zusammenfassung (Executive Summary):
   Hier stehen die wichtigsten Punkte des Vorhabens, kurz und prägnant.
3. Produkt- und Unternehmensidee: Hier wird die Produktidee vorgestellt. Außerdem muss der Kundennutzen, auch im Vergleich zu den Wettbewerbern, deutlich werden.
4. Management- bzw. Gründerteam: Hier werden alle Teammitglieder mit ihren spezifischen, für die Gründung wichtigen Qualifikationen vorgestellt.
5. Markt und Wettbewerb: An dieser Stelle wird mit Hilfe von Markt- und Branchendaten vertiefter Einblick zu Konkurrenten und Kunden gegeben.
6. Marketing und Vertrieb: Hier wird zur Markteintrittsstrategie und zu konkreten Werbe- und Vertriebsüberlegungen ausführlich Stellung genommen.
7. Unternehmensform: An dieser Stelle werden die Gesellschaftersituation, die gewählte Rechtsform und andere formale Punkte beschrieben.
8. Finanzplanung: In der Finanzplanung werden u.a. die Gewinn- und Verlustrechnung, die Liquiditätsplanung und der Kapitalbedarf aufgeführt.
9. Risikobewertung und Alternativszenarien: Es werden Risiken aufgezeigt. Außerdem werden Angaben über alternative Entwicklungen mit Hilfe von Best-Case- und Worst-Case-Szenarien dargestellt.

Manche Investoren oder Wettbewerbe verlangen zusätzlich noch einen Ablaufplan. Dieser sollte zwar erstellt werden, er ist aber nicht zwingend Bestandteil des Businessplans an sich. Durch die häufige Aktualisierung ergibt es oft keinen Sinn, diesen in den Businessplan zu integrieren. Im Zweifel erkundigen Sie sich, ob ein Ablaufplan vom Empfänger erwartet wird.

Es empfiehlt sich, dem Businessplan gegebenenfalls Absichtserklärungen von Lieferanten und/oder Abnehmern etc. beizufügen.

## Hinweise für das Erstellen eines Businessplans

- Recherchieren Sie im Internet Vorlagen für einen Businessplan.
- Zeigen Sie Strategien für den Umgang mit widrigen Umständen auf.
- Benennen Sie Stärken und Schwächen der Geschäftsführer.
- Präsentieren Sie Ihren Businessplan optisch ansprechend und nutzen Sie ihn als Absatzinstrument.
- Legen Sie Ihren Businessplan Fachleuten Ihrer Branche vor und lassen Sie sich von ihnen dazu beraten.
- Ändern Sie Ihren Businessplan so oft wie nötig, um Veränderungen nach der Gründung einzubeziehen. Bewahren Sie jedoch die Originalversion auf und fassen Sie die Gründe für die jeweiligen Veränderungen schriftlich zusammen.

### Schließen Sie die Lücken

Man wird Sie voraussichtlich bitten, eine Gewinn- und Verlustrechnung einzubeziehen, die die Überlebensfähigkeit Ihres Unternehmens und Ihre Fähigkeit, etwaige Kredite zu tilgen, belegen sollen. Gehen Sie von realistischen Zahlen aus und unterfüttern Sie sie mit Fakten, die Ihre Schätzungen und Berechnungen bestätigen. Bitten Sie Ihren Steuerberater, sich die Zahlen anzusehen. Denken Sie jedoch daran, dass Sie selbst in der Lage sein müssen, Kreditgebern zu erläutern, was die Zahlen bedeuten und welche Konsequenzen es haben wird, wenn Sie die gesteckten Ziele nicht erreichen.

### Übung macht den Meister

Um eine Finanzierung für Ihre Existenzgründung zu erhalten, müssen Sie früher oder später Ihre Ideen präsentieren. Durchdenken Sie diese Gesprächssituation in Ruhe und üben Sie vor anderen Leuten, die Ihnen konstruktive Rückmeldungen dazu geben können. Sie müssen auf alle möglichen Fragen zu Ihrem Unternehmenskonzept gefasst sein, beispielsweise zum Produkt, Preis, Markt und selbst zu Ihren Familienverhältnissen.

## *Hinweise für Gespräche mit potentiellen Investoren*

***Begeistern Sie.***
*Reden Sie voll Leidenschaft von Ihrem Unternehmen. Versuchen Sie zu begeistern, wenn Sie wollen, dass man sich an Sie erinnert.*

***Fassen Sie sich kurz.***
*Halten Sie sich an die grundlegenden Aussagen. Überschütten Sie Ihren Gesprächspartner nicht mit Informationen.*

***Fesseln Sie Ihre Zuhörer.***
*Ermuntern Sie zu Fragen und regen Sie die Diskussion an, indem Sie selbst Fragen zum Investor, seinen Interessen und seiner bisherigen Tätigkeit stellen.*

***Vermeiden Sie Schablonenhaftes.***
*Schneiden Sie das Gespräch auf die Gegebenheiten Ihres Unternehmens und auf die Investoren zu, denen Sie Ihr Vorhaben vorstellen.*

***Seien Sie ehrlich.***
*Versuchen Sie nicht, sich größer zu machen, als Sie sind oder jemals sein werden, nur um die Investoren zu beeindrucken.*

***Formulieren Sie deutlich, genau und knapp.***
*Sprechen Sie ungekünstelt und vermeiden Sie Fachjargon. Reden Sie von den Seiten Ihres Modeunternehmens, die es einzigartig machen, von Ihrem Produkt, Ihren Kunden, der Marktlücke, die Sie zu füllen gedenken und erläutern Sie, wie Sie das bewerkstelligen wollen. Stellen Sie die Mitglieder Ihres Teams, deren relevante Qualifikationen und die Funktionen vor, die sie übernehmen werden. Geben Sie einen Überblick über Ihr Geschäftsmodell und formulieren Sie Ihre Finanzplanung (für bis zu fünf Jahre), Anforderungen und Meilensteine nach der Gründung.*

***Seien Sie realistisch.***
*Machen Sie deutlich, dass Sie mit Ihrem Modeunternehmen ehrgeizige Pläne verfolgen, aber schlagen Sie nicht über die Stränge. Investoren wollen sehen, dass Sie Bezug zum Markt und zur Realität haben.*

***Behalten Sie die Kontrolle***
*Denken Sie daran, dass zu einer Investition immer zwei Seiten gehören. Sie suchen genauso nach dem richtigen Investor wie er nach der richtigen Investitionsmöglichkeit. Treten Sie selbstbewusst auf und behalten Sie die Zügel in der Hand.*

***Glänzen Sie durch gute Vorbereitung***
*Sie sollten darauf eingerichtet sein, dass man Ihre Zahlen und Teamfähigkeit ausführlich hinterfragt.*

===========================================

### Fragen, Fragen, Fragen
Sich Geld zu leihen, ist ein großer Schritt. Holen Sie alle Informationen ein, die Sie über die Vorgehensweise und die Erwartungen potentieller Kreditgeber benötigen. Reden Sie mit Freunden und Verwandten über Kreditgeber, die sie aus persönlicher Erfahrung kennen und beziehen Sie Ihren Steuerberater und Ihren Existenzgründungsberater ein.

### Suchen Sie sich einen guten Steuerberater
Mit einem guten Steuerberater können Sie sehr viel Geld sparen und er muss nicht unbedingt viel kosten.

Verwenden Sie zur Orientierung beispielsweise den Suchservice des Deutschen Steuerberaterverbandes e.V. (www.dstv.de/suchservice/) oder diverse andere Websites wie www.steuerberatersuche.de/.

## *Produktkalkulation*

Wenn Sie gewinnbringend verkaufen wollen, müssen Sie die Kosten richtig kalkulieren. Während viele Unternehmen die Direktkosten von Dingen wie Stoffen gut kalkulieren, sind andere Komponenten (Garne, Futter- und Einlagestoffe, Zutaten, Fracht etc.) nicht so gut kalkuliert.

Um indirekte Kosten abzudecken, addieren manche Designer einfach 30 bis 40 Prozent zu den Kosten des Endprodukts, bevor Sie die Gewinnmarge dazuaddieren. Das kann die Kalkulation zwar vereinfachen, doch es macht Kosteneinsparungen schwieriger. Ein nützliches Hilfsmittel zur Ermittlung der wahren Produktkosten ist die Tabelle zur Warenkalkulation (siehe S. 171). Die Überschriften in Ihrer Tabelle hängen von Ihrem Produkt ab, doch diese Vorlage wird Ihnen zumindest eine Vorstellung von den zu berücksichtigenden Kosten vermitteln. Die meisten Kosten sind klar. Andere müssen erst kalkuliert werden, bevor sie eingetragen werden können. Nehmen wir einmal an, Sie zahlen 200 € für die Anfertigung eines Schnittsatzes für ein Kleid und die Anpassung an die jeweiligen Konfektionsgrößen. Wenn Sie davon ausgehen, nur ein Einziges davon zu verkaufen, müssen Sie die vollen 200 € ansetzen. Sollten Sie jedoch glauben, dass Sie 20 verkaufen werden, belaufen sich die Kosten pro Kleid auf 200 € ÷ 20 = 10 €. Wenn Sie nun das Schnittmuster jede Saison erneut verwenden, minimieren sich die tatsächlichen Kosten pro Kleidungsstück.

Arbeiten Sie die Tabelle ab und entwickeln Sie so Großhandels- und Einzelhandelspreise für Ihr Produkt. Sie hängen maßgeblich von der Höhe Ihres Gewinnaufschlags ab. Designerlabel arbeiten häufig mit dem Faktor 2 oder 3, das heißt sie schlagen zwischen 100 und 200 Prozent auf. Beim Faktor 3 entfällt etwa ein Drittel auf die Kosten, ein Drittel auf die indirekten Kosten und das übrige Drittel ist Gewinn.

Viele Designer ermitteln allerdings zuerst einmal, zu welchem Preis ihr Produkt verkauft werden sollte – das ist der wahrgenommene Wert. Wenn Sie so vorgehen wollen, können Sie diesen Wert durch den üblichen Handelsaufschlag teilen, um Ihren Großhandelspreis zu ermitteln. Sollten Sie beabsichtigen, ein Kleid zu einem Ladenpreis von 350 € zu verkaufen, teilen Sie diesen Wert durch 2,7 – den durchschnittlichen Handelsaufschlag deutscher Designerboutiquen – und erhalten einen Großhandelspreis in Höhe von 130 €.

Wenn Sie nun entscheiden, das 2,5fache auf den Herstellungspreis aufzuschlagen, um den Großhandelspreis zu ermitteln, können Sie sich ausrechnen, dass Sie das Kleid zum Preis von 52 € produzieren müssen.

Die Tabelle zur Warenkalkulation kann Ihnen hierbei helfen. Wenn das Kleid in der Herstellung 60 € kostet, können Sie ihr entnehmen, welche Positionen zu hoch sind und welche Designelemente Sie verändern müssen. Bevor Sie entscheiden, Ihren Aufschlag zu reduzieren, sollten Sie sich vergewissern, dass Ihr Unternehmen diesen Einnahmeverlust verkraften wird.

Wenn das Kleid in der Herstellung aber nur 45 € kostet, beträgt Ihr Aufschlag zur Ermittlung des Großhandelspreises eher das 2,8fache und Ihre Gewinnspanne ist größer.

Fragen Sie die Einkäufer immer, welchen Handelsaufschlag sie ansetzen. Häufig ist es eine gute Idee, eine unverbindliche Preisempfehlung (UVP) festzulegen, um davon ausgehen zu können, dass Ihr Produkt überall zum gleichen Preis verkauft wird.

### Gewinnaufschlag und Gewinnspanne

Gewinnaufschlag und Gewinnspanne stellen unterschiedliche Möglichkeiten der Gewinnermittlung dar und sind leicht durcheinanderzubringen. Unter Gewinnaufschlag versteht man die Hinzurechnung eines gewünschten Prozentsatzes zu den Selbstkosten zur Ermittlung des Ladenpreises. Ein Aufschlag in Höhe von 150 Prozent auf ein Produkt, das Sie 50 € gekostet hat, ergibt einen Ladenpreis von 125 €. Das wird auch häufig als 2,5facher Aufschlag bezeichnet (125 ÷ 50 = 2,5).

Eine Gewinnspanne ist der prozentuale Anteil des Verkaufspreises, der Gewinn darstellt. Wenn Sie ein Produkt, dessen Herstellung Sie 50 € gekostet hat, zu einem Preis von 150 € verkaufen, beträgt Ihre Gewinnspanne, auch Marge genannt, 66 Prozent ([150 - 50] ÷ 150 x 100 = 66 Prozent). Denken Sie daran, dass ein Verkaufspreis mit einer Marge von 50 Prozent mehr Gewinn ergibt als ein Verkaufspreis mit einem Aufschlag von 50 Prozent (s. Übersicht nächste Seite). Wenn ein Pullover zum Beispiel für 100 € verkauft wird und eine Marge von 50 Prozent hat, dann hat er 50 € gekostet. Wären auf den gleichen Pullover 50 Prozent aufgeschlagen worden, hätte der Ladenpreis 75 € betragen und er hätte 25 Prozent weniger Gewinn gebracht.

Alle Gewinne, die Sie auf diese Weise berechnen, sind Bruttogewinne. Sie müssen noch Ihre indirekten Kosten abziehen (Gebühren, Fixkosten, Körperschaftssteuer, Lohnkosten etc.), bevor Sie Ihren Nettogewinn (Reingewinn) erhalten.

Sie finden es vielleicht einfacher, flexibel zu bleiben und für jedes Produkt in Ihrer Kollektion einen anderen Aufschlag anzusetzen. Infolgedessen wären diverse Aufschläge in Ihrer Produktlinie vertreten. Wenn Sie also zum Beispiel Herren- und Damenjeans verkaufen, stellen Sie womöglich fest, dass Ihre Damenkollektion nur einen 2fachen Aufschlag (100 Prozent) verkraftet, während Ihre Herrenkollektion den 3,5fachen Aufschlag (250 Prozent) zulässt. Mit der Zeit werden Sie den Marktwert immer besser einschätzen und Ihre Gesamtgewinnspannen maximieren können.

*Hinweise zur Kalkulation von Gewinnmargen*

Sie werden häufig Gewinnmargen kalkulieren müssen, entweder, um aus einem Selbstkostenpreis einen Verkaufspreis zu ermitteln, oder um auszurechnen, welche Marge ein bestimmter Verkaufspreis ergeben würde.

**Verkaufspreis auf der Grundlage Selbstkostenpreis**
Die vollständige Formel zur Berechnung eines Verkaufspreises auf der Grundlage eines Selbstkostenpreises und einer bestimmten Marge lautet:

**Verkaufspreis = Kosten ÷ ([100 - Marge] ÷ 100)**
Die Berechnung des Ladenpreises für ein Paar Jeans mit einer Marge von 70 Prozent, die in der Herstellung 30 € gekostet haben, sieht also folgendermaßen aus: 30 ÷ ([100 - 70] ÷ 100) = 100 €

*Sie können die Berechnung auch wie folgt vereinfachen:*

*Eine 25%ige Marge = Selbstkostenpreis ÷ 0,75*
*Eine 40%ige Marge = Selbstkostenpreis ÷ 0,6*
*Eine 50%ige Marge = Selbstkostenpreis ÷ 0,5*
*Eine 70%ige Marge = Selbstkostenpreis ÷ 0,3*

**Gewinnmarge auf der Grundlage Selbstkosten und Verkaufspreis**
Manchmal werden Ihnen die Selbstkosten und der Verkaufspreis vorliegen und Sie wollen wissen, welche Marge sich daraus ergibt. Die Formel lautet:

**Marge = (1 - [Selbstkosten ÷ Verkaufspreis]) x 100**
Die Kalkulation der Marge für Jeans mit einem Ladenpreis von 100 €, deren Herstellungspreis 30 € beträgt, würde also so aussehen: (1 - [30 ÷ 100]) x 100 = 70%

*Vereinfacht sieht das wie folgt aus:*

*Wenn Selbstkosten ÷ Verkaufspreis 0,25 ergibt, beträgt die Marge 75%*
*Wenn Selbstkosten ÷ Verkaufspreis 0,6 ergibt, beträgt die Marge 40%*
*Wenn Selbstkosten ÷ Verkaufspreis 0,5 ergibt, beträgt die Marge 50%*
*Wenn Selbstkosten ÷ Verkaufspreis 0,3 ergibt, beträgt die Marge 70%*

**Bruttogewinn**
Der Bruttogewinn ist die Differenz zwischen den Einnahmen aus dem Verkauf und den Herstellungskosten des Produkts.

*Bruttogewinn = Verkaufspreis - Direktkosten*

Wenn die Direktkosten 50 € betragen und Sie das 2,2fache aufschlagen, ergibt sich ein Verkaufspreis von 110 € und der Bruttogewinn beläuft sich auf 60 €. Wenn Sie nun 1000 Stück zu je 110 € verkaufen, erzielen Sie Einnahmen in Höhe von 110.000 €. Ziehen Sie nun die ursprünglichen Kosten von 50 € pro Kleidungsstück ab (1000 x 50 € = 50.000), verbleibt ein Bruttogewinn in Höhe von 60.000 €.

**Nettogewinn (Reingewinn)**

Der Nettogewinn ist das, was übrigbleibt, wenn Sie alle indirekten Kosten von Ihrem Bruttogewinn abziehen.

*Nettogewinn = Bruttogewinn – indirekte Kosten*

Wenn indirekte Kosten 55.000 € betrugen, wäre der Nettogewinn bei 60.000 € Bruttogewinn 5.000 €. Es ist der Nettogewinn, den Sie als Einzelunternehmer wieder zurück ins Unternehmen fließen lassen würden. Sollten Sie der Körperschaftssteuer unterliegen, ist es der Betrag, der nach ihrem Abzug verbleibt.

## *Buchführung*

Ein Unternehmen mag zwar in der Lage sein, sich über einen kurzen Zeitraum ohne Absatz und Gewinn über Wasser zu halten, doch ohne Barmittel kann es nicht funktionieren. Sie müssen Ihre Konten sehr genau im Auge behalten und Zugänge und Abgänge überwachen.

Um Gewinn zu erzielen, müssen Sie Waren oft an Kunden liefern, bevor die Bezahlung erfolgt. Wenn Ihnen nicht genügend Geld zur Verfügung steht, um Ihre Lieferanten und Ihr Personal zu bezahlen, bevor die Fachhändler Sie bezahlen, werden Sie nicht in der Lage sein, Ihnen Waren zu liefern und Gewinn zu erzielen.

Um effektiv Handel zu betreiben und Ihr Unternehmen wachsen zu lassen, müssen Sie für Barreserven sorgen, indem Sie Bewegungen auf Ihren Konten so regeln, dass Sie insgesamt einen Überfluss an finanziellen Mitteln (Cashflow) verzeichnen.

## *Cashflow*

*Es handelt sich um eine Messgröße zur Beurteilung Ihrer Fähigkeit, regelmäßig Ihre Rechnungen zu begleichen, also zur Beurteilung der finanziellen Gesundheit eines Unternehmens.*

**Zu Barmitteln zählen:** *Münzen und Banknoten, Girokonten und kurzfristige Einlagen, Kontokorrentkredite und kurzfristige Anleihen, ausländische Zahlungsmittel und Einlagen, die schnell in Ihre Währung übertragen werden können.*

**Nicht zu Ihren Barmitteln zählen:** *Langfristige Einlagen, Langzeitkredite, Lieferanten geschuldetes Geld (etwaige Zinsaufwendungen allerdings schon), Außenstände von Kunden, Lagerbestand.*

### Voraussage verfügbarer Mittel
Sie werden in diesem Rahmen normalerweise das bevorstehende Quartal oder Jahr Monat für Monat betrachten. Sie führen für Ihr Unternehmen sowohl Einnahmen und Einnahmequellen als auch Auszahlungen und deren Verwendungszwecke an. Der Schwerpunkt liegt hier vor allem auf Erträgen, Aufwendungen, Zahlungsmittelüberschuss (Erträge größer als Aufwendungen) – wobei Fehlbeträge in Klammern erscheinen, Anfangssaldo, Endsaldo. Es ist wichtig, realistisch an Ihre potenzielle Umsatzsteigerung für das nächste Jahr heranzugehen. Addieren Sie beispielsweise die von Ihnen für das nächste Jahr erwartete wirtschaftliche Wachstumsrate mit den Verkaufserlösen des Vorjahres.

### Buchführung
Sie sind gesetzlich verpflichtet, alle Zahlungsbelege 10 Jahre lang aufzubewahren. Ihre Buchführung muss akkurat und aktuell sein, da Sie zur Kasse gebeten werden, wenn Sie die im Rahmen Ihrer Umsatzsteuer-, Einkommensteuer-, Körperschaftssteuer- oder Gewerbesteuererklärung eingereichten Informationen nicht belegen können. Die beiden wichtigsten Arten von aufzubewahrenden Belegen sind:

1   Einnahmen und Ausgaben
2   Waren, die Sie erworben und Waren, die Sie veräußert haben

*Tipps für eine effektive Buchführung*

| Was zu tun ist | Wann (möglichst häufig) |
|---|---|
| Erfassen Sie Einnahmen | Jeden Monat zu einem festgelegten Zeitpunkt |
| Erfassen Sie Zahlungseingänge | Jeden Monat zu einem festgelegten Zeitpunkt |
| Erfassen Sie Ausgaben | Jeden Monat zu einem festgelegten Zeitpunkt |
| Erfassen Sie von Ihnen beglichene Forderungen | Jeden Monat zu einem festgelegten Zeitpunkt |
| Vergleichen Sie Einnahmen und Ausgaben | Monatlich |
| Bearbeiten Sie offene Forderungen | Sobald der Fälligkeitstermin überschritten ist |
| Vergleichen Sie Ihr Kassenbuch mit Ihren Kontoauszügen und Ihre Einnahmen- und Ausgabenbelege mit Ihrem Kassenbuch | Immer, wenn Sie einen Kontoauszug erhalten |

Heutzutage erledigen die meisten Jungunternehmer ihre Buchführung mit dem Computer, doch Papierbelege sind genauso gültig. Wichtig ist nur, dass sie fehlerfrei und aktuell sind. Wenn Sie das Gefühl haben sollten, das könnte ein für Sie problematischer Bereich sein, dann haben Sie verschiedene Möglichkeiten:

**1** Es gibt Software-Pakete, die Ihnen die Buchführung erleichtern. Verbreitete Buchhaltungsprogramme sind Lexware, WISO und DATEV.

**2** Ihr Steuerberater wird Ihnen wahrscheinlich auch anbieten, die Buchführung zu übernehmen. Je besser der Zustand ist, in dem Sie ihm die Belege übergeben, umso weniger Zeit wird er für die Buchführung benötigen und umso mehr Geld werden Sie sparen. Ihr Steuerberater verfügt über entsprechende Software, also können Sie sich die Ausgabe für ein Software-Paket in diesem Fall sparen.

**3** Selbstständige Buchhalter. Ein guter Buchhalter muss nicht teuer sein, und wenn Sie ihm Ihre Belege gut sortiert übergeben, brauchen Sie ihn unter Umständen jedes Mal nur für ein paar Stunden. Recherchieren Sie in lokalen Branchenverzeichnissen und im Internet und halten Sie die Augen auf oder lassen Sie sich von einem anderen vor Ort ansässigen Unternehmen einen Buchhalter empfehlen.

### Umsatzsteuer (Ust)

Hierbei handelt es sich um eine Steuer, die in der gesamten Europäischen Union den Austausch von Leistungen besteuert. Sie wird in den einzelnen Ländern allerdings unterschiedlich bezeichnet. Im deutschen Sprachraum, mit Ausnahme der Schweiz, wird der Ausdruck Umsatzsteuer gleichbedeutend mit „Mehrwertsteuer" verwendet. Während die Höhe dieser Steuer von Land zu Land variiert, gelten in Deutschland aktuell 19 Prozent als allgemeiner Satz und 7 Prozent als ermäßigter Satz. Kleinunternehmen unterhalb einer gewissen Umsatzgrenze können sich von der Umsatzsteuerpflicht befreien lassen (Kleinunternehmerregelung). Wenn aufgrund von Investitionsaufwendungen jedoch hohe Vorsteuerbeträge anfallen, sollten Sie erwägen, freiwillig beim Finanzamt auf Umsatzsteuer zu optieren, da Sie so die Vorsteuer eingehender Rechnungen geltend machen können. Oberhalb der Umsatzgrenze sind Sie als Unternehmer dazu verpflichtet, Ihren Kunden Umsatzsteuer in Rechnung zu stellen und im Rahmen der regelmäßigen Umsatzsteuer-Voranmeldung an das Finanzamt abzuführen. Der Voranmeldungszeitraum ist nach Neugründung für die ersten zwei Jahre in der Regel ein Kalendermonat, später dann das Kalendervierteljahr. Dies bedeutet, dass der Unternehmer monatlich bzw. vierteljährlich eine Umsatzsteuervoranmeldung zu erstellen hat. Macht Ihr Unternehmen entsprechend hohe Umsätze, verkürzt sich der Voranmeldungszeitraum wieder auf einen Kalendermonat.

Im Normalfall gilt bei der Umsatzsteuer die sogenannte Soll-Besteuerung: Sie müssen die Umsatzsteuer abführen, sobald Sie die Rechnung an den Kunden geschickt haben und nicht erst dann, wenn er sie bezahlt hat. Bei Umsätzen bis zu 250.000 € (Ostdeutschland: 500.000 €) ist auf Antrag auch eine Ist-Besteuerung möglich, d.h. Sie führen die Umsatzsteuer erst dann ab, wenn der Kunde tatsächlich bezahlt hat.

### Verbesserung Ihres Cashflows

Für jedes Kleinunternehmen kann die Frage ausreichender finanzieller Mittel problematisch sein, doch in der Modebranche (und insbesondere wenn Sie zwei Saisons bedienen und eine Großhandelsstrategie verfolgen) kann sie sich besonders kritisch gestalten. Es gibt ein paar Dinge, mit denen Sie sich das Leben vielleicht etwas erleichtern können (siehe auch Hinweise zur Verbesserung Ihres Cashflows auf der nächsten Seite).

#### *Bitten Sie den Kunden, eher zu zahlen*

Die meisten Boutiquen, eigenständigen Geschäfte und Warenhäuser erwarten, auf Rechnung zahlen zu können, und bezahlen Sie erst, nachdem die Ware eingetroffen ist. Es könnte also sein, dass Sie nur zweimal im Jahr Geld ins Unternehmen fließen sehen. Um das zu vermeiden, sollten Sie um eine Anzahlung bei Bestätigung der Bestellung bitten. Das dient in der Regel zur Deckung der Herstellungskosten und als Sicherheit für den Fall, dass das Geschäft schließt oder es in der Mitte der Saison die Bestellung nicht mehr aufrechterhalten will. Es lohnt sich auch, das Geschäft per Vorab-Rechnung um die Überweisung der Restsumme zu bitten, wenn die Ware lieferbereit ist. Das heißt, dass das Geschäft Sie bezahlt, sobald die Waren lieferbereit bei Ihnen liegen – direkt nach Zahlungseingang werden sie versandt. Wenn das Geschäft nicht die gesamte Restsumme auf dieser Basis zahlen will, lohnt es sich vielleicht, 50 Prozent der Restsumme als Vorauszahlung zu vereinbaren und den Rest in Rechnung zu stellen (30 bis 60 Tage Standardzahlungsziel).

#### *Factoring (Forderungsverkauf)*

Nachdem Sie Ihre Fachhändler beliefert haben, senden Sie die Rechnungen für alle Kunden an einen Factor, der Ihre Forderungen gewöhnlich zu 80 bis 90 Prozent ankauft. Die Differenz erhalten Sie, abzüglich der Vergütung für den Factor, wenn Ihr

Kunde den Kaufbetrag direkt an den Factor zahlt. Der Factor sendet Ihrem Kunden einen Brief mit Ihrer Rechnung und Zahlungsanweisungen. Es dauert mitunter nur 24 Stunden, bis Ihnen die Mittel zur Verfügung gestellt werden.

Die Factoringvergütung beläuft sich auf 0,8 bis 2,5 Prozent des aufgekauften Forderungsbestands zzgl. laufzeitabhängiger Zinsen. Die Vergütung basiert auf der Höhe Ihres Jahresumsatzes, der Zahl der Rechnungen und Kunden. Die Höhe der Zinsen lässt sich mit einem üblichen Kontokorrentkredit vergleichen.

Factors bieten Ihnen eine Reihe von Dienstleistungen an. Zu den verbreitetsten zählen in der Regel: unechtes Factoring, bei dem das Ausfallrisiko bei Ihnen bleibt; echtes Factoring, bei dem das Factoring-Institut das Ausfallrisiko übernimmt. Beim echten Factoring sichert sich der Factor normalerweise durch eine Delkredere-Versicherung ab. Die Kosten für diese Versicherung werden dann für einen gewissen Prozentsatz Ihres Umsatzes an Sie weitergereicht, der vom Risikoprofil Ihres Kunden und dem angekauften Forderungsbestand abhängt. Die meisten Factoring-Unternehmen bieten mittlerweile die Einsicht Ihres Kontos im Internet an. Eine Liste von Factoring-Dienstleistern finden Sie auf der Website des Bundesverbandes Factoring für den Mittelstand (www.bundesverband-factoring.de/).

### *Bitten Sie um eine Erweiterung Ihrer Lieferantenkredite*

Die meisten Unternehmen wollen langfristige Kundenbeziehungen aufbauen, das heißt, es könnte sich lohnen, Ihre Lieferanten um eine Erweiterung Ihrer Lieferantenkredite, um Verlängerung Ihres Zahlungsziels zu bitten. Damit ist häufig die Eröffnung eines Kontos verbunden, doch 30 Tage Gnadenfrist vor Fälligwerden der Forderungen hat enorme Auswirkungen auf Ihren Cashflow.

*Das Label Bathing Ape arbeitet intensiv an der Entwicklung und Pflege seiner Markenidentität, um das Vertrauen der Kunden zu gewinnen. Genauso müssen Sie ein Vertrauensverhältnis zu Ihren Lieferanten aufbauen und es pflegen, um die günstigsten Zahlungsbedingungen zu erhalten.*

***Vereinbaren Sie Teillieferungen***
Bei bestimmten Lieferanten könnte es sich lohnen, eine Teillieferung der Waren auszuhandeln. Es kann sein, dass manche der Einzelhändler von Ihnen schon Mitte Dezember mit der Frühjahrs-/Sommerware beliefert werden wollen, während andere die Lieferung Ende Februar vorziehen. Wenn Sie nun eine Teillieferung mit Ihrem Produzenten aushandeln, würden Sie zunächst die im Dezember zu liefernden Waren erhalten und bezahlen und erst ein bis zwei Monate später dann den Rest der Bestellung.

***Stecken Sie mehr Fremd- oder Eigenkapital ins Unternehmen***
Sie sollten diese Option nur nutzen, um Engpässe kurzfristig zu überbrücken, oder wenn Sie in Übereinstimmung mit Ihrem Businessplan dem Unternehmen zu Wachstum verhelfen wollen. Ihre Cashflow-Strategie sollte aber nicht darauf beruhen.

## *Tipps zur Verbesserung Ihres Cashflows*

- *Die Rechnungslegung sollte umgehend erfolgen. Bearbeiten Sie regelmäßig offene Forderungen.*
- *Erwägen Sie, säumigen Kunden Verzugszinsen in Rechnung zu stellen.*
- *Denken Sie über eine Skontoregelung nach (große Warenhäuser informieren Sie häufig darüber, dass Sie bei Zahlung innerhalb einer gewissen Frist einen Prozentsatz des Rechnungsbetrags abziehen werden).*
- *Tätigen Sie größere Anschaffungen eher kurz vor als kurz nach der Abgabe Ihrer nächsten Umsatzsteuervoranmeldung, um die Vorsteuer möglichst bald erstattet zu bekommen. Dadurch können Sie die Verfügbarkeit finanzieller Mittel wesentlich verbessern und vielleicht einen momentanen Engpass überbrücken.*
- *Tauschen Sie sich mit anderen Modelabels, die ebenfalls einen Ihrer neuen Einzelhändler beliefern, über dessen Zahlungsmoral aus. Entscheiden Sie danach, welche Zahlungsbedingungen Sie anbieten.*
- *Liefern Sie pünktlich, der Bestellung entsprechend und in der vereinbarten Qualität, um verspätete Einnahmen und Einnahmeverluste zu vermeiden.*
- *Versuchen Sie, durch die gezielte Wahl Ihrer Neukunden Ihre Einnahmen zu maximieren und Ihre Ausgaben zu minimieren.*
- *Vergewissern Sie sich, dass Ihre Lieferanten nicht zu viel in Rechnung stellen und pünktlich und unter Einhaltung der Qualitätsanforderungen liefern.*

Das Geheimnis eines guten Cashflows liegt bei Kleinunternehmen in der Modebranche oft darin, mit Ihrer finanziellen Ausstattung genauso kreativ umzugehen wie mit ihrem Design und Marketing. Behalten Sie Ihre finanzielle Situation genauso aufmerksam im Blick wie den Laufsteg oder die Straße auf der Suche nach Trends. Spüren Sie Einsparpotentiale auf und verhandeln Sie, wenn nötig.

## Tabelle zur Warenkalkulation

| Saison: | Artikelnummer: |
| --- | --- |
|  | Artikelbezeichnung: |

| Waren | Beschreibung | Kosten pro Meter | Benötigte Meterzahl | Kosten |
| --- | --- | --- | --- | --- |
| Stoff 1 | | | | |
| Stoff 2 | | | | |
| Stoff 3 | | | | |
| Futterstoff | | | | |
| Einlagen | | | | |
| Sonstige | | | | |
| Materialzugabe | | | | |
| | | | Zwischensumme | |

| Zutaten | Beschreibung | Stückkosten | Stückzahl | Kosten |
| --- | --- | --- | --- | --- |
| Knöpfe | | | | |
| Reißverschlüsse | | | | |
| Garne | | | | |
| Etiketten | | | | |
| Besatz 1 | | | | |
| Besatz 2 | | | | |
| | | | Zwischensumme | |

| Arbeitslohn | | Kosten |
| --- | --- | --- |
| Musterherstellung | | |
| Erstschnitt | | |
| Gradierung | | |
| Zuschnitt | | |
| Nähen | | |
| Bügeln | | |
| | Zwischensumme | |

| Versand | | Kosten |
| --- | --- | --- |
| Beutel/Kartons | | |
| Kleiderbügel | | |
| Hängeetiketten | | |
| Sonstige | | |
| | Zwischensumme | |

| | |
| --- | --- |
| Gesamtkosten der verkauften Ware | |
| Aufschlag Großhandel | |
| Preis Großhandel | |
| Aufschlag Einzelhandel | |
| **UVP** (Unverbindliche Preisempfehlung) | |

## Nützliche Websites

www.auma.de
Ausstellungs- und Messe-Ausschuss der deutschen Wirtschaft e.V.
Zur Recherche nationaler und internationaler Messetermine und der Auslandsmesseprogramme des Bundes

www.business-angels.de/
Business Angels Netzwerk Deutschland e.V.

www.existenzgruender.de
Existenzgründungsportal des Bundesministeriums für Wirtschaft und Technologie

www.fashion-base.de
Modeportal

www.franchisedirekt.com
Franchise-Portal

www.germanfashion.net
German Fashion Modeverband Deutschland e.V.

www.kuenstlersozialkasse.de
Freiberufler können sich günstig über die Künstlersozialkasse versichern, wenn sie die entsprechenden Voraussetzungen erfüllen.

www.register.com oder http://www.denic.de/de
Hier können Sie prüfen, ob Ihre Wunschdomain verfügbar ist.

http://templates.nexmedia.de; http://www.xodox.de/; http://www.yamix.de; http://www.template.de/
Hier finden Sie Templates (Vorlagen), die die Erstellung Ihrer Homepage vereinfachen können.

www.theredpages.co.uk
Gegen Gebühr bekommen Sie hier die Kontaktdaten der Agenten von Prominenten.

www.vdmd.de
Verband Deutscher Mode- und Textildesigner (VDMD)

## Literaturtipps

Buchholz, Goetz: Ratgber Freie. Kunst und Medien, Hg.: Vereinte Dienstleistungsgewerkschaft ver.di, nur online: www.ratgeber-freie.de

Brauer, Gernot: Erfolgsfaktor Design-Management. Ein Leitfaden für Unternehmer und Designer, Basel u.a., Birkhäuser Verlag, 2007.

Burns, Leslie Davis und Nancy O. Bryant: The Business of Fashion. Designing, Manufacturing and Marketing, New York, Fairchild, 1997.

Fasanella, Kathleen: The Entrepreneur's Guide to Sewn Product Manufacturing, Fort Stanton, NM, Apparel Technical Services, 1998.

Gehlhar, Mary: The Fashion Designer Survival Guide. An Insider's Look at Starting and Running Your Own Fashion Business, Chicago, Dearborn Trade Publishing, 2005.

Hines, Tony und Margaret Bruce: Fashion Marketing. Contemporary Issues, 2. Aufl., Oxford, Butterworth-Heinemann, 2007.

Jackson, Tim und David Shaw (Hg.): The Fashion Handbook, London und New York, Routledge, 2006.

Jenkyn Jones, Sue: Fashion Design, 2. Aufl., London, Laurence King Publishing, 2005.

Johnson, Maurice J. und Evelyn C. Moore: Apparel Product Development, Upper Saddle River, NJ, Prentice Hall, 2001.

Kern, Petra und Ulrich: Designmanagement. Die Kompetenzen der Kreativen, Hildesheim u.a., Georg Olms Verlag, 2005.

Kobuss, Joachim: Erfolgreich als Designer. Business gründen und entwickeln, Basel u.a., Birkhäuser Verlag, 2008.

Morris, Bethan: Fashion Illustrator, London, Laurence King Publishing, 2006.

Okonkwo, Uche: Luxury Fashion Branding. Trends, Tactics, Techniques, Basingstoke, Palgrave Macmillan, 2007.

Tungate, Mark: Fashion Brands. Branding Style from Armani to Zara, Sterling, VA, Kogan Page, 2005.

Waddell, Gavin: How Fashion Works. Couture, Ready-to-Wear and Mass Production, Oxford, Wiley-Blackwell, 2004.

## Glossar

**Abverkaufsquote** Prozentsatz des Lagerbestands, der vor Beginn des Ausverkaufs verkauft wird
**Alleinstellungsmerkmal** Merkmal, durch das sich ein Produkt deutlich vom Wettbewerb abhebt
**Anprobemodel** Model mit Standardkörpermaßen, das zum Modellieren der Kleidung verwendet wird
**Aufschlag** Betrag, der zum Selbstkostenpreis addiert wird, um den Verkaufspreis (Ladenpreis) zu ermitteln
**Betriebskapital** Barmittel für die tägliche Geschäftstätigkeit
**Cashflow** Messgröße zur Beurteilung der finanziellen Gesundheit eines Unternehmens
**Catwalk** siehe Laufsteg
**Datenblätter zu Produktreihen** Verkaufsinstrument, das Produktskizzen, Preise, Farbvarianten und Größen enthält
**Discount-Geschäft** Bietet ein begrenztes Sortiment zu extrem knapp kalkulierten Preisen und zielt auf große Absatzmengen
**Domainname** Name zur Identifizierung einer Website
**Einkäufer** Person in Groß- oder Einzelhandel, deren Aufgabe es ist, Ihnen Ihr Produkt abzukaufen
**Einzelhandel** Direktverkauf der Waren an den Endverbraucher
**Exklusivität** Eine Partei garantiert einer anderen die ausschließlichen Rechte in Bezug auf ein bestimmtes Geschäftsverhältnis
**Fachgeschäft** Geschäft, das nur eine Art von Ware verkauft
**Factor** Dritte Partei, die dem Verkäufer Barmittel zur Verfügung stellt, indem sie gegen eine Gebühr Forderungen von ihm erwirbt
**Fast Fashion** Die „schnelle Mode": Mode mit extrem kurzer Produktionszeit. Modegeschäfte kaufen ihre Ware erst kurz vor der Saison ein und können so Trends aufgreifen, die sich gerade erst entwickeln
**Filialgeschäft** Eines von mehreren Einzelhandelsgeschäften des gleichen Inhabers und mit der gleichen Handelsware
**Franchise** Das von einem Hersteller oder anderen Unternehmen eingeräumte Recht, ein Produkt zu vermarkten oder eine Dienstleistung anzubieten

**Gradieren** Lineare Veränderung der Schnittparameter in der Schnittkonstruktion, z.B. für Größenanpassung
**Großhandel** Verkauf eines Produkts an den Einzelhandel, der zu einem höheren Preis weiterverkauft
**Haute Couture** Exklusive, eigens für Privatkunden entworfene Kleidung
**Heimarbeit** Waren werden von einer Person zuhause gefertigt
**High-End-Segment** Der Bereich des Marktes, der von teuren Designs beherrscht wird und unter der Haute Couture angesiedelt ist. High-End-Teile werden häufig in limitierten Stückzahlen gefertigt
**Indirekte Kosten** Kosten, die nicht direkt aus der Herstellung des Produkts resultieren
**Kollektionsplan** Detaillierter Aufbau der Designerkollektion vor Anfertigung der Modelle
**Konfektion** Eine Mischung aus Haute Couture und Massenware; nicht individuell maßgeschneidert, aber aufwendig, häufig exklusiv und teuer; Teile werden oft nur in limitierter Stückzahl produziert
**Laufsteg** Auf ihm führen Models die neuesten Kollektionen vor
**Leitmotiv** Genähtes oder gedrucktes Dekorationselement, das mit einer Marke verbunden wird
**Lieferkette** Organisation von Personal, Aktivitäten, Informationen und Material mit dem Ziel, das Produkt vom Hersteller zum Verbraucher zu bringen
**Lieferzeit** Zeit bis zur Bereitstellung von Waren durch den Lieferanten
**Lizensierung** Erlaubnis, unter genau definierten Bedingungen geistiges Eigentum an Marken, Patenten, Technik etc. zu nutzen
**Logo** Marken- oder Firmenzeichen, das der schnellen und sicheren Wiedererkennung dienen soll
**Lookbook** Marketinginstrument zur Präsentation der Fotos einer Kollektion
**Marge (Gewinnspanne)** Nettoumsatz minus Kosten der verkauften Waren und Dienstleistungen
**Maßgeschneidert** Individuell angefertigt nach den Maßen des Kunden
**Massenmode** Konfektionskleidung, die in großen Stückzahlen und Standardgrößen aus billigeren Materialien gefertigt wird
**Mindestmenge** Geringste Warenmenge, die ein Verkäufer an den Käufer abgibt
**Moodboard** Skizzen, Farben, Bilder, Ideen, die als Stimmungscollagen den Ausgangspunkt für Entwürfe und Kollektionen darstellen
**Ökomode** Umweltschonend hergestellte Kleidung
**Preisbildung** Kalkulation Ihrer Produkte
**Pressemappe** Sammlung von PR-Materialien zur Information der Presse
**Pressemitteilung** An die Presse gerichtete Ankündigung eines Ereignisses/einer Veranstaltung oder Mitteilung anderer berichtenswerter Sachverhalte
**Presseordner** Ordner zum Aufbewahren von Zeitungs- und Zeitschriftenartikeln
**Prêt-à-porter** siehe Konfektion
**Produktportfolio** Gesamtheit der Produkte, die ein Modelabel produziert
**Prototypen** Erste Versionen des Designs
**Show-Cards** Nachdrucke von Presseberichten für Marketingzwecke

**Spezifikationszeichnung** Technische Modellzeichnung mit allen Maßen eines Produkts
**Stoffmuster** Kleines Stück Stoff, das zur Veranschaulichung von Farbe, Druckmuster, Design oder anderen Details benutzt wird, bevor ein Kleidungsstück gefertigt und ausgeliefert wird
**Storyboard** Fasst Inspiration und Thema Ihrer Kollektion zusammen
**Stückpreis** Kosten oder Preis eines Artikels
**Teillieferung** Die Bestellung wird in mehreren Teilen geliefert
**Umsatz** Wertmäßige Erfassung des Absatzes innerhalb eines bestimmten Zeitraums
**Urheberrecht** Recht des Urhebers an seinem Werk, was das Recht zur Verwertung mit einschließt
**USP** Unique Selling Point, siehe Alleinstellungsmerkmal
**UVP** Unverbindliche Preisempfehlung
**Vergleichskäufe** Recherche des aktuellen Warenangebots von Mitbewerbern
**Vermittler** Person, die autorisiert ist, Ihr Produkt in Ihrem Namen zu verkaufen
**Vertrieb** Bereitstellung und Lieferung von Modeartikeln an Warenhäuser und Geschäfte
**Vorabrechnung** Vorabversion der endgültigen Rechnung vor Auslieferung der Ware
**Vorkollektion** Entsteht mehrere Monate vor den eigentlichen Catwalk-Kollektionen eines Designers als Vorgeschmack auf die neue Saison
**Warenhaus** Großes Einzelhandelsgeschäft, das eine breite Produkt- und Dienstleistungspalette anbietet

# Index

Aalam, Kat und Oz 94, 154
Abverkaufsquote 94
Adidas 47
AGB 130, 131
Akkreditiv 131
Alleinstellungsmerkmal 26, 73, 94-96, 116
Allgemeine Geschäftsbedingungen, siehe AGB
Anzahlung 130, 134, 168
Arbeitsschutz 54
Arbeitszimmer 51-53
Atelier
 als Arbeitsplatz 51ff., 157
 Verkauf über ein 121
Audigier, Christian 36-37, 129
 siehe auch Hardy, Don Ed
Ausgewogenheit einer Kollektion 97-99, 101
Ausstellungsräume 52, 76, 125

Banken 158-159
Beendigung eines Beschäftigungsverhältnisses 67
Bekleidungstechniker 7, 62-63
 siehe auch Textiltechniker
Belle & Bunty 1, 9, 151
Besätze 94, 106, 108
Bestellformulare 129-131
Beteiligungsgesellschaften 158, 160
Bewerbungsgespräch 66
Boutiquen 94, 96, 116, 120, 123-125, 133-134, 136, 154, 158, 164, 168
Bread & Butter (Messe) 4, 39, 71, 119, 123, 157
Buchführung 29-32, 166, 167
Burton 11
Business Angels 158, 160
Businessplan 71, 159-161, 170

Carvalho, Gil 29, 68, 111
Cashflow 26, 130, 131, 166, 168-170
Chanel 90, 127
Charles, Caroline 96, 116-117, 157
Chloé 10
Choo, Jimmy 40
Crabb, Suzanna 106-107
Crews, Malcolm 48-49, 139

Damsel 94, 154
Datenblätter zu Produktreihen 145
DaWanda 134
Diesel 36, 39
„Diffusion von Innovationen" (Rogers) 84-85, 89
Discountläden 133
Domain, Registrierung 41

Einkäufer 9, 13, 51, 57, 59, 61, 62, 64, 77, 88, 93, 94, 96-98, 108, 109, 119, 121-126, 129-131, 133, 134, 139-141, 143, 145-147, 149, 154, 158, 164

Einzelhändler 11, 16-18, 26, 72, 81, 82, 84, 86-88, 112, 119, 120, 123, 126, 127, 129, 130, 131, 133-135, 139, 140, 146, 170
Einzelhandel, Verkauf über den 10, 12, 15, 16, 17, 23, 39, 64, 68, 71, 76, 81, 84, 87, 88, 101, 116, 117, 119, 120, 127, 129, 130, 133, 134, 136, 146, 158, 163, 171
Einzelhandelsketten 15, 16, 39, 88, 158
Einzelunternehmer 29-30, 165
Entlassung von Personal 66
Entwurf 10, 61, 68, 95, 98, 104, 106, 115, 127
Estethica (Messe) 12
Ethical Fashion Forum (EFF) 12
Etiketten 39, 47, 49, 103, 112, 122, 146, 171
Existenzgründungsberater 24, 34, 158, 160, 163
Exklusivitätsvereinbarung 110, 127, 129

Fachhändler 25, 72, 76, 99, 112, 120, 122, 125, 129, 136, 154, 166, 168
Fachmessen 17, 26, 60-61, 64, 68, 69, 73, 75
Factoring 26, 168-169
Fashion Followers 84-86
FashionPublic 134
Fast Fashion 10, 15-16, 119, 120
Finanzierung 26, 29-30, 32, 34, 76, 126, 127, 156-160, 162
Förderprogramme 158, 160
Fontaine, Anne 78-79
Fotografen 24, 59, 64, 142-144, 149
Fotoshooting 143-144
Franchise 12, 34, 133
Fremdfinanzierung 26, 29, 158
French Connection 39

Galliano, John 39
Gap 12, 39
Geiger, Kurt 151
Geschäftsbedingungen 109, 113, 130-131
Geschäftsdrucksachen 146
Geschäftsjahr eines Designers 15
Gewinnaufschlag 127, 134, 163, 164
Gewinn und Verlust 30-35, 165-166
Gradieren von Schnittmustern 63, 108, 171
Großhandel 26, 64, 68, 76, 116, 119, 120, 133, 136, 145, 146, 163, 164, 168, 171
Gründungskosten 157, 158
Gucci 10

H&M 12, 15
Handelsregister 29, 33, 42-43
Hardy, Don Ed 4, 36-37, 39, 129
Harrison, Howard 26
 siehe auch Knomo
Harrods 26, 93, 133
Haute Couture 9, 10, 13, 86, 119
Heimarbeit 103, 108
Hermès 90
Herstellersuche 111ff.

High-End 11, 12, 16, 18, 39, 46, 87, 89, 90, 119
Home-Shopping-Partys 76, 135
Hops, Alastair 26
 siehe auch Knomo

Individualität 94
 siehe auch Alleinstellungsmerkmal
Ingwersen, Peter 18, 21
 siehe auch Noir
Innovatoren, modische 84-86
Internethandel 120, 134

Jacobs, Marc 10, 39
Journalistenanfragen 153-154

Kalkulation 163ff., 171
Karan, Donna 127
Kaufverhalten Einzelhändler 140
Kaufverhalten Verbraucher 16, 139
Klassiker 81-83
kleines Schwarzes 81-83
Knomo 26-27, 32, 42, 95, 150-151
Kognitive Dissonanz 95, 139
KokoFlow 134-135
Komplementärprodukte 13
 siehe auch Taschen, Schuhe
Konfektion 9, 10, 12, 13
Konfektionsgröße 63, 105, 108, 123, 146, 163
Konsistenz 96
Kredit 26, 29, 30, 32, 55, 130, 158-160, 162, 163, 166, 169
Kreditkartenzahlung 131
Kunden, Profil/Recherche 23, 71-72, 93
Kundeneindruck 101

Ladengeschäft 76-77
Lauren, Ralph 47, 72, 127
Lieferkette 16-17, 59ff., 114
Lieferung 112, 114, 129, 170
 übliche Bedingungen 114
Lizenzabkommen 127, 129, 136
Logos 43, 46-49, 131, 132, 142, 145, 146, 149
Lohnkonfektionär 103
London Fashion Week 12
Lookbooks 39, 64, 65, 88, 93, 121-122, 140-145, 148, 152, 153

Mackay, Caroline 150-151
Margen 164-165
Markenanmeldung 43
Marketing 17, 46, 64, 75-76, 157
Marketing-Manager 59, 64, 151
Marktrecherche 16, 23, 61, 64, 71-73, 93, 98, 158, 160
Massenware 10, 12, 13
maßgeschneidert 9
McQueen, Alexander 39, 127
Mehrwert 39, 100, 101

Mehrwertsteuer, siehe Umsatzsteuer
Merchandiser 59, 61-62, 108
Messen 4, 10, 12, 17, 26, 39, 60, 61, 64,
  68, 69, 71, 73, 75, 76, 90, 106, 107, 119,
  121, 125, 135, 140, 147, 154, 157
  im Ausland 124
Mindestmengen 97, 98, 110
Miss Sixty 39
Mitarbeitergespräche 67
Mitbewerberanalyse 39, 71-73, 75-77, 89,
  93, 110
Mizani 150
Modeerscheinungen 82
Modejournalisten 59, 65, 88, 151
Modellmacher 63
Models 123, 142-144, 148, 149
Modenschauen 4, 10, 16, 25, 65, 68, 75,
  119, 140, 148-149
  Checkliste 148-149
  Sponsoring 150
  Zusammenarbeit 150-152
Modezyklen 81, 82, 84
Modische Meinungsführer 84-86
Moodboard 143
munich fabric start (Messe) 107
Musterverkauf 135

Nachnahme 130
Nähatelier 103, 110
Namenswahl 39- 43
Networking-Veranstaltungen 147
Neukundenwerbung 124
New York Fashion Week 136
Noir 18, 21, 75

Öffentlichkeitsarbeit (PR) 17, 96, 151ff.
  inhouse im Vergleich zu Agenturen 155
  PR-Manager 64
  Strategien 75, 76
Ökomode 12

Perry, Fred 47
Personal
  Bewerbungsgespräche 66
  Entlassungen 67
  Motivation 66-67
  Weiterbildung 67
Personalmotivation 66-67
Pflegeetiketten 146
PR, siehe Öffentlichkeitsarbeit
PR-Agenturen 155
PR-Manager 59, 64, 151
Preise 73, 75, 94-95, 98, 163-164
Preiskalkulation 163-164
Première Vision (Messe) 107
Presse 88, 122, 149, 151ff.
Pressemappe 152f.
Prêt-à-porter 10, 68, 119
Produktbereiche 13
Produktionskalender 115
Produktionslauf, Kalkulation 108, 130

Produktionsmanager 63, 108-109
Produktionsmitarbeiter 63
Produktionsprozess 104-105
Produktkalkulation, siehe Kalkulation
Prominente(n), Ausstatten von 87, 152, 154
Prototyp 9, 32, 53, 54, 57, 79
Public Relations, siehe Öffentlichkeitsarbeit

Qualität, Stellenwert der 95
Qualitätskontrolle 59, 63, 103, 105, 109

Recherche
  Fachhändler 76
  Kunden 23, 71-72, 93
  Ladengeschäft 76-77
  Mitbewerber 72-73, 76
  Trends 60, 106
Rechnungen 132
Rechtsformen von Unternehmen 28-35
Recycling von Kleidung, Materialien 12
Rentabilität 46, 71, 75, 94, 159
Rescue, Benoit 26, 42
  siehe auch Knomo
Retail Manager 15, 65
Rogers, Everett: Diffusion of Innovations
  84-86
Rundumservice 103, 106, 108, 113
Russell, Nzinga 150

Saisonabhängigkeit 15
Sander, Jil 40
Schnittmacher 24, 51, 59, 61-63, 103, 106
Schuhe 13, 68, 69, 111
Schumacher/Dorothee Schumacher 13, 61,
  90-91, 97
Show-Cards 154
Showrooms, siehe Ausstellungsräume
Smith, Paul 127
Sortimentsplanung 97-99, 101
Sozialunternehmen 34
Spezifikationen 61, 63, 106, 108, 140
Sponsoring 150f.
Standorte, Ladengeschäft 76f.
Steuerberater 24, 30, 34, 157, 158, 162-
  163, 167
„stille" Gesellschafter 30, 160
Stoffe
  Beschaffung 106-107, 110
  Exklusivität 110
  Messen 106-107
Stylisten 24, 59, 64, 65, 94, 142-144, 150,
  152-154
Suzanna 106
SWOT-Analyse 23, 73, 100

Tabelle zur Warenkalkulation 163-164, 171
Taschen 13, 26, 27, 95, 100, 150, 151
Tragetaschen/-tüten 39, 41
Teleshopping-Sender 135
Testprodukte in Läden 87

Textiltechniker 59, 61, 63
  siehe auch Bekleidungstechniker
Textilvertreter 107
Texworld (Messe) 107
Topshop 12, 15
Trendbeobachter 60
Trends 81
  Einflussfaktoren 86-88
  und Fast Fashion 15-16
  und Ihre Kollektion 88-89
  Kategorien 81-82
  Recherche 60, 106
Trunk-Shows 135
Turner, Niki 151

Umsatzsteuer 168
Umsatzvorschau 24, 158

Verbraucherschauen 134-135
Verkaufens, Kunst des 124
Verkaufskalender 120
Verkaufszeitfenster 119-120
Vermittler 125
Versandbedingungen 109
Versicherungen 53-54, 77, 120, 157
Vertrag für Vertreter oder Vertragshändler
  125-126
Vertragshändler 126-127
  im Vergleich zu Vertretern 126-127
Vertraulichkeitsvereinbarung 113
Vertreter 17, 107, 125, 126, 145
Vertriebskanäle 76
Vertriebsleiter 64
Vertriebsmitarbeiter 64
Vollkauf 103
Vorauszahlung 130
Vorkollektionen 119
Vuitton, Louis 47

Walker, Karen 13, 14, 56, 97, 136, 137
Ward, Ally 134
Watson, Clare 94
Websites 41, 146
Werkstatt, siehe Atelier
Wertschöpfung 100, 101

Zahlung auf Rechnung 130-131
Zahlung per Nachnahme, siehe Nachnahme
Zahlungsbedingungen 130-131
Zara 12, 15
Zielgruppenanalyse 72
Zlotkin, Ari 78
Zwischenmeister 103

## Abbildungsnachweis

Ally Ward: 135; Belle & Bunty: 8, 53, 57, 65, 89, 106; Burton Retail Group: 11; Bread & Butter: 5, 6, 31, 37, 38, 60, 70, 73, 98, 118, 121, 122, 128, 147, 156; Caroline Charles: 76 (unten), 96, 116-117; Daniel Garrett für British Fashion Council: 12; David Hardy: 58, 102; Derek Henderson: 14, 56, 136-137; Ed Hardy: 36; Gil Carvalho: 28, 68-69, 111; Harrods: 87, 92, 133; Knomo: 27, 32, 42, 76 (oben), 95, 151; PSC Photography: 41, 46, 146; London College of Fashion: 63; Magic: 123; Malcolm Crews: 138; Mizani: 150; Noir: 19, 20, 74, 83; Satoru Umetsu/ Nacasa & Partners: 79; Schumacher: 61, 91; Simon Walsh: Cover, 44-45; Three's Company (Creative Consultants) Ltd: 50, 107, 109, 141, 143, 154; Trendstop in Verbindung mit Bildbeschaffer Fashionriot.com: 80

## Dank

Mein besonderer Dank gilt:

Meinem Verlag Laurence King Publishing, insbesondere der leitenden Redakteurin Helen Evans dafür, dass sie an das Potential des Buches glaubte, sowie Anne Townley und Melissa Danny für die Erfahrung, Geduld und Ausdauer, mit denen sie mir durch dieses Projekt halfen.

Howard Harrison, Benoit Rescue und Alastair Hops von Knomo, Caroline Charles, Gil Carvalho, Karen Walker, Dorothee Schumacher, Anne Fontaine, Peter Ingwersen von Noir und Christian Audigier von Ed Hardy für Ihre Bereitschaft, als Fallbeispiele zu dienen und ihre unschätzbaren Erfahrungen weiterzugeben. Außerdem danke ich Kat und Oz Aalam, Simon Assirati, Suzanna Crabb, Malcolm Crews, Charlotte Kramer, Caroline Mackay, Rikard Osterlund, Nzinga Russell, Niki Turner, Ally Ward und Clare Watson für ihre Beiträge und maßgebenden Meinungen.

David Hardy, Malcolm Crews, Jaana Jätyri von Trendstop, Anna Millhouse und Rebecca Munro vom London College Of Fashion, Rupert Shreeve, British Fashion Council und London Fashion Week, Marisa de Saracho von Magic International für ihre Hilfe mit den visuellen Inhalten dieses Buches.

Meinem Team bei Belle & Bunty und Three's Company, darunter auch meine Geschäftspartnerinnen Alice Shreeve und Hannah Coniam, danke ich für die fortwährende Unterstützung, Lizzie Harper für all ihre Hilfe und Geduld, egal, worum es gerade ging, und Camille Boyd für ihre fantastische Unterstützung bei der Recherche potentieller Fallbeispiele.

Und schließlich ein großes Dankeschön an meine ganze Familie und all meine Freunde und vor allem an Alice, Mae und Yella, denen ich dieses Buch widme.